电子信息工程系列教材

现代交换技术

主　编　叶　磊　曾钦源　王晓静
副主编　龚　斌　曲箫扬　赵　源
　　　　吴妮妮　耿晶晶　陈　娜

WUHAN UNIVERSITY PRESS
武汉大学出版社

图书在版编目(CIP)数据

现代交换技术/叶磊,曾钦源,王晓静主编.—武汉:武汉大学出版社,2008.6

电子信息工程系列教材

ISBN 978-7-307-06229-0

Ⅰ.现… Ⅱ.①叶… ②曾… ③王… Ⅲ.通信交换—高等学校—教材 Ⅳ.TN91

中国版本图书馆 CIP 数据核字(2008)第 063607 号

责任编辑:黄金文 夏炽元　　责任校对:黄添生　　版式设计:支 笛

出版发行:武汉大学出版社 (430072 武昌 珞珈山)

(电子邮件:wdp4@whu.edu.cn 网址:www.wdp.com.cn)

印刷:湖北新华印务股份有限公司

开本:720×1000 1/16 印张:10.875 字数:267 千字

版次:2008 年 6 月第 1 版 2008 年 6 月第 1 次印刷

ISBN 978-7-307-06229-0/TN·28 定价:19.00 元

内容简介

本书介绍各种交换技术的基本概念和工作原理。全书共分 8 章，内容涵盖目前通信网中应用到的各类交换技术。主要内容包括：交换的基本概念，各类交换技术的原理和发展演进；交换网络的种类与结构；电路交换的工作原理和各种接口电路的作用；信令的基础知识和 No.7 信令系统；分组交换原理与体系结构；ATM 交换的基础知识和实现的机理；路由器与 IP 交换技术的工作原理及实现方法；下一代网络和软交换，基于软交换的网络体系结构，软交换的基本技术、主要协议及其组网应用；光交换技术及其发展。

本书可作为通信与电子类专业（重点使用对象为独立学院和职业技术学院）高年级学生及通信工程技术人员培训教材或参考资料。

前 言

社会需求的日益增长和科技水平的不断提高，深刻地改变着传统的电信观念和体系架构。为了达到经济、快速且满足服务质量要求的信息转移之目的，各种交换技术层出不穷。本教材把当前已出现的或将要出现的交换技术，按其发展先后，由浅入深，理论与技术并重，综合成一本有关现代交换技术的专门教材，内容涵盖了目前通信网中应用到的各类交换技术。

本书按四部分来组织，第一部分为交换的基础概念与原理，第二部分为电路交换及信令，第三部分为分组交换原理和体系结构，第四部分为新的交换技术原理及其发展。

第一部分包括第1章，系统地讲解整个交换技术的基础，重点在于从交换的发展和历史背景讲解为什么需要交换，交换的作用是什么，交换在通信系统中处在什么样的地位；各类交换技术的原理和发展演进；交换网络的种类和结构。

第二部分包括第 2～3 章，主要讲解应用最广、发展最成熟的电路交换系统的工作原理和各种接口电路的作用；信令的基础知识，并介绍了作为当前通信网重要支撑技术的 No.7 信令系统。

第三部分包括第4章，主要讲解分组交换的原理和体系结构。分组交换是目前各种具体交换技术的公共基础，分组交换使得传送话音业务的电路交换网络和传送数据业务的分组交换网络两大网络共存的局面。

第四部分包括第 5～8 章，主要讲解异步传送模式（ATM）的基础知识和实现的机理，它提供电路交换和分组交换的优点，并且同时向用户提供统一的服务；路由器与 IP 交换技术的工作原理及实现方法；下一代网络和软交换，基于软交换的网络体系结构，软交换的基本技术、主要协议及其组网应用；光交换技术及其发展。

在本书的编写过程中，力求做到内容新颖、知识全面、通俗易懂，注重基本概念和基本原理。本书可作为通信与电子类专业（重点使用对象为独立学院）高年级学生及通信工程技术人员培训教材或参考资料。

本书在编写过程中得到中国地质大学信工学院侯自良教授、武汉大学李守明教授、熊年禄教授的关心和支持，作者在此表示衷心的感谢。

由于作者水平有限，书中难免存在一些不妥和错误，殷切希望广大读者批评指正。

作 者

2008年3月

目 录

第1章 概 述

交换设备是通信网的重要组成部分，交换技术的发展与通信网的发展是分不开的，即交换技术与终端业务、传输技术必须相适应。本章从目前通信网的现状，简要介绍各类交换技术的特点及其发展。

1.1 交换的引入

通信的目的是实现信息的传递。在电信系统中，信息是以电信号的形式传输的。一个电信系统至少应由终端和传输媒介组成，如图 1-1 所示。终端将含有信息的消息，如语音、图像、计算机数据等转换成可被传输媒介接受的电信号形式，同时将来自传输媒介的电信号还原成原始消息；传输媒介则把电信号从一个地点传送至另一地点。这样一种只有两个用户终端和连接这两个终端的传输线路构成通信系统，这种通信系统所实现的通信方式，我们称之为点到点通信方式，如图 1-1 所示。

图 1-1 点到点通信方式

显然，两个终端之间必须有一对连线才能进行通信，这样的一种连接方式称为全互连式。全互连式存在下列一些缺点：

（1）当存在 N 个终端时需用线对数为 N（N−1）/ 2，即线对数量随终端数的平方增加。

（2）当这些终端分别位于相距很远的两地时，两地间需要大量的长途线路。

（3）每个终端都有 N−1 对线与其他终端相接，因而每个终端需要 N−1 个线路接口。

（4）增加第 N+1 个终端时，必须增设 N 对线路。

因此，在实际中，全互连式仅适合于终端数目较少，地理位置相对集中，且可靠性要求很高的场合。

这些问题将随着用户数量增加而增加。为解决这些问题，可以设想在用户分布的区域中心设置一个公用设备，每一个用户的电话机或其他终端设备都有一对线路与该设备相连。这样，当任意两个用户之间要交换信息时，主动呼叫方先通知该设备，然后由该设备通知被叫方，并在设备内部将他们之间的线路连通，以便开始通信；在通信完毕时，公共设备在内部将双方的连接拆断。从这可以看出，该设备能够完成任意两个用户之间交换信息的任务，所以称其为交换设备。有了交换设备，对 N 个用户只需要 N 对线就可以满足要求，使线路的投资费用大大降低。尽管增加了交换设备的费用，但它的利用率很高，相比之下，总的投资费用将下降。

1.2 交换系统的基本功能

最简单的通信网仅由一台交换机组成，每一台电话机或通信终端通过一条专门的用户环线（或简称用户线）与交换机中的相应接口连接。

当终端数目很多，且分散在相距很远的几处时，可用交换机组成通信网。通信网中通信接续的类型，即交换节点需要控制的基本接续类型主要有4种：即本局接续、出局接续、入局接续和转接（汇接）接续，如图1-2所示。

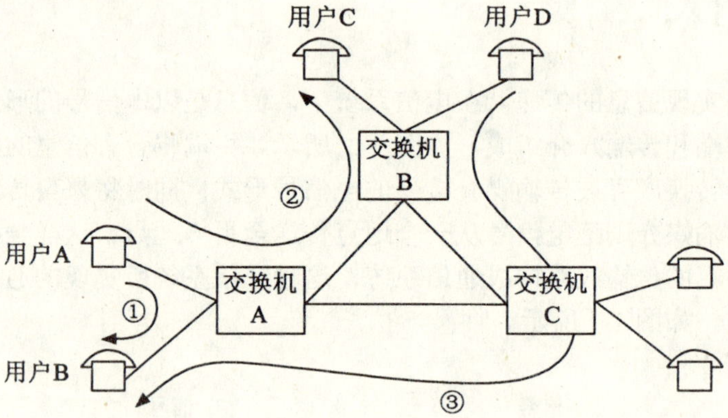

图1-2 交换系统的接续类型

（1）本局接续。

本局接续是只在本局用户之间建立的接续，即通信的主、被叫都在同一个交换局。图1-2中的交换机A的两个用户A和B之间建立的接续①就是本局接续。

（2）出局接续。

出局接续是主叫用户线与出中继线之间建立的接续，即通信的主叫在本交换局，而被叫在另一个交换局，图1-2中交换机A的用户A与交换机B的用户C之间建立的接续②，对于交换机A来说就是出局接续。

（3）入局接续。

入局接续是被叫用户线与入中继线之间建立的接续，即通信的被叫在本交换局，而主叫在另一个交换局，图1-2中交换机A的用户A与交换机B的用户C之间建立的接续②，对于交换机B来说就是入局接续。

（4）转接（汇接）接续。

转接接续是入中继线与出中继线之间建立的接续，即通信的主被叫都不在本交换局，图1-2中的交换机B的用户D与交换机A的用户B之间建立的接续③，对于交换机C来说就是转接接续。

通过分析交换系统所要完成的4种接续类型，我们可以得出交换系统必须具备的最基本的功能是：

（1）能正确识别和接收从用户线或中继线发来的通信发起信号。

（2）能正确接收和分析从用户线或中继线发来的通信地址信号。

（3）能按目的地址正确地进行选路以及在中继线上转发信号。

（4）能控制连接的建立与拆除。

（5）能控制资源的分配与释放。

1.3 交换方式

按照信息传送模式的不同，可将交换方式分为电路传送模式（CTM，Circuit Transfer Mode）、分组传送模式（PTM，Packet Transfer Mode）和异步传送模式（ATM，Asynchronous Transfer Mode）三大类，如电路交换、多速率电路交换、快速电路交换属于电路传送模式，分组交换、帧中继属于分组传送模式，而 ATM 交换则属于异步传送模式。

1.3.1 电路交换

电路交换是针对最早的语音通信来设计的，语音通信具有差错率要求不高，实时性要求很高的特点。差错率要求不高，可以从日常的语言交流中有所感觉，对同一个词，不同的人说，声音都不一样，但人们都能听懂，即人对语音的误差有一定的容错能力。另外，语言的交流必须具有很好的实时性，否则，说一句话需要很长时间才传到对方，交流就会很困难。

针对语音通信的这个基本要求，电路交换采用面向连接的、独占电路的方式来满足实时性的要求。电路交换的基本过程包括电路建立阶段、通话阶段、电路释放阶段三个过程。电路建立阶段是根据用户所拨的被叫号码，由交换机负责连接一条电路，在通话阶段该电路由该用户独占，即使他们不讲话，不传输信息，该电路也不能分配给其他用户使用。

归纳起来，电路交换主要有如下优点：

（1）信息的传输时延小，对一次接续而言，传输时延固定不变。

（2）信息编码方法、信息格式以及传输控制程序等都不受限制，即可向用户提供透明的通路。

（3）用基于呼叫损失制的方法来处理业务流量，业务过负荷时呼损率增加，但不影响已建立的呼叫。

同时，电路交换存在的主要缺点有以下几点：

（1）电路的接续时间较长。当传输较短信息时，通信通道建立的时间可能大于通信时间，网络利用率低。

（2）电路资源被通信双方独占，电路利用率低。

（3）通信双方在信息传输、编码格式、同步方式、通信协议等方面要完全兼容，这就限制了各种不同速率、不同代码格式、不同通信协议的用户终端直接互通。

（4）有呼损，即可能出现由于对方用户终端设备忙或交换网负载过重而呼叫不通。

（5）物理连接的任何部分发生故障都会引起通信的中断。

由上可知，电路交换是一种固定的资源分配方式，且为通信用户所独占。电路交换的通信通道连接需要预先建立，因此有一定的连接建立时延，连接建立后的媒体信息传输时延可以忽略不计，但是信息传输没有差错控制，不能保证数据交换的可靠性。因此，电路交换适合于电话交换、文件传送、高速传真，不适合突发业务和对差错敏感的数据业务。

1.3.2 多速率电路交换

电路交换建立的连接通路通常只有一种传输速率，例如64Kb/s。为了适应多种业务的需要，例如较高带宽的业务，可以采用多速率电路交换，也就是将几条连接捆绑起来供用户使用。

多速率电路交换还是基于固定资源分配的，它根据业务需要不同的带宽，提供多种速率，但这些速率是事先定制好的，仅限于某个基本速率（例如8Kb/s或64Kb/s）的整数倍。在实际运用中，速率类型不能太多，否则其控制和交换网络会非常复杂，成本显著增加，因而这种交换方式不能真正灵活地适应突发业务。

1.3.3 快速电路交换

为了克服电路交换固定分配资源的缺点，改善对不同业务需求的适应性，在1982年，人们提出了快速电路交换技术，当呼叫建立时，在呼叫连接上的所有交换节点要在相应的路由上分配所需的带宽，与电路交换不同的是交换节点只记住所分配的带宽和相应路由的连接关系，而不完成实际的物理连接。当用户真正要传送信息时，才根据事先分配的带宽和建立的连接关系，建立物理连接；当没有信息传送时，则拆除该物理连接。

快速电路交换是在要传送用户信息时才连接物理传输通道，即只在信息要传送时才使用所分配的带宽和相关资源，因而它提高了带宽的利用率，但控制复杂，时延和呼损比通常的电路交换要大，灵活性也较差。

1.3.4 报文交换

20世纪60～70年代，在数据通信中普遍采用报文交换方式，目前这种技术仍普遍应用在某些领域（如公众电报和电子信箱等）。为了获得较好的信道利用率，出现了存储-转发的想法，这种交换方式就是报文交换。它的基本原理是用户之间进行数据传输，主叫用户不需要先建立呼叫，而先进入本地交换机存储器，等到连接该交换机的中继线空闲时，再根据确定的路由转发到目的交换机。由于每份报文的头部都含有被寻址用户的完整地址，所以每条路由不是固定分配给某一个用户，而是由多个用户进行统计复用。

报文交换的特征是交换机要对用户的信息进行存储和处理。

报文交换的主要优点：

（1）报文以“存储转发”方式通过交换机，输入、输出电路的速率、码型格式等可以不同，很容易实现各种不同类型终端之间的相互通信。

（2）在报文交换（从用户A到用户B）的过程中没有电路接续过程，来自不同用户的报文可以在一条线路上以报文为单位进行多路复用，线路可以以它的最高传输能力工作，大大提高了线路的利用率。

（3）用户不需要叫通对方就可发送报文，无呼损，并可以节省通信终端操作人员的时间。如果需要，同一报文可以由交换机转发到许多不同的收信地点，即可以发送多目的地址的报文，类似于计算机通信中的多播机制。

报文交换的主要缺点：

（1）信息通过交换机时产生的时延大，而且时延的变化也大，不利于实时通信。

（2）交换机要有能力存储用户发送的报文，其中有的报文可能很长，要求交换机具有高速处理能力和大的存储容量，一般要配备磁盘和磁带存储器。

（3）报文交换不适用于即时交互式数据通信。

1.3.5 分组交换

随着计算机的发展，数据通信的需求越来越大，由于数据与语音的传输要求不同，采用电路交换和报文交换方式都不能很好地满足数据通信的要求。为了理解不能满足要求的具体原因，这里先来分析一下语音和数据对通信要求的区别。

语音通信的特点是差错率要求不高，一般为连接的 10^{-6}，但要求实时性强，要求在毫秒级。数据通信刚好相反，它对实时性要求不强，可以在分钟甚至小时级，但对差错率要求极高，一般要求误码率达到 10^{-9}，同时还要进行差错控制，保证数据的完全正确，对实时性的要求可以从发送一封电子邮件中有所体会，发送一封电子邮件有几分钟的时间延迟，人们都可以接受，甚至认为是很快的了。在网页类的交互数据中，还是需要一些实时性更高的数据通信。对差错率的要求可以从下载一个数据包得到直观的感受，从网上下载一个 zip 文件，若错了一个关键的位，整个包都无法使用，这就是数据通信和语音通信的区别。那么，如何改进或提出新的交换方式来适应数据通信的要求呢？

前面介绍的电路交换不利于实现不同类型的数据终端设备之间的相互通信，而报文交换信息传输时延又太长，不满足许多数据通信系统的实时性要求（注意数据通信的实时要求是指利用计算机通信的用户可以交互传输信息，相对于语音延迟要求，数据实时传输延迟要求要宽松得多），分组交换技术较好地解决了这些矛盾。

分组交换采用了报文交换的“存储-转发”方式，但不像报文交换那样以报文为单位交换，而是把报文划分为多个一定长度的“分组”（Packet） 进行交换和传输。每个分组前边都加上固定格式的分组标题，用于指明该分组的发端地址、收端地址及分组序号等。由于分组长度较短，具有统一的格式，便于在交换机中存储和处理，“分组”进入交换机后只在主存储器中停留很短的时间，进行排队处理，一旦确定了新的路由，就很快输出到下一个交换机或用户终端。“分组”穿过交换机或网络的时间很短（“分组”穿过一个交换机的时延为毫秒级），能满足绝大多数数据通信用户对信息传输的实时性要求。

根据交换机对分组不同的处理方式，分组交换可以分成两种工作模式：数据报（Datagram）和虚电路（Virtual Circuit）。数据报方式类似于报文传输方式，将每个分组作为一份报文来对待，每个数据分组中都包含终点地址信息，分组交换机为每一个数据分组独立地寻找路径，因此一份报文包含的不同分组可能沿着不同的路径到达终点，在网络终点需要重新排序。

虚电路方式是两个用户终端在开始互相发送和接收数据之前，需要通过网络建立逻辑上的连接，一旦这种连接建立以后，就在网络中保持已建立的数据通路，用户发送的数据（以分组为单位）将按顺序通过网络到达终点。当用户不需要发送和接收数据时，可以清除这种连接。这种方式非常类似电路交换中的通信过程，只不过此时网络中建立的是虚电路而非实际电路，在数据通信过程中不像电路交换方式是透明传输的，而会受到网络负载的影响，分组可能在分组交换机中等待输出线路为空后进行信息传输。

分组交换的主要优点：

（1）向用户提供了不同速率、不同代码、不同同步方式、不同通信控制协议的数据终端之间能够相互通信的灵活通信环境。

（2）在网络轻负载情况下，信息的传输时延较小，而且变化范围不大，能够较好地满足计算机交互业务的要求。

（3）实现线路动态统计复用，通信线路（包括中继线路和用户环路）的利用率很高，在一条物理线路上可以同时提供多条信息通路。

（4）可靠性高。每个分组在网络中传输时可以在中继线和用户线上分段进行差错校验，使信息在分组交换网络中传输的比特差错率大大降低，一般可以达到10^{-10}以下。由于“分组”在分组交换网中传输的路由是可变的，当网中的线路或设备发生故障时，“分组”可以自动地避开故障点选择一条新的路由，而通信不会中断。

（5）经济性好。信息以“分组”为单位在交换机中存储和处理，不要求交换机具有很大的存储容量，降低了网内设备的费用。对线路的动态统计时分复用也大大降低了用户的通信费用。分组交换网通过网络控制和管理中心（NMC）对网内设备实行比较集中的控制和维护管理，节省维护管理费用。

分组交换的主要缺点：

（1）由网络附加的传输信息较多，对长报文通信的传输效率比较低。我们把一份报文划分成许多分组在交换网内传输。为了保证这些分组能够按照正确的路径安全准确地到达终点，要给每个数据分组加上控制信息（分组头）。除此之外，我们还要设计许多不包含数据信息的控制分组，用它们来实现数据通路的建立、保持和拆除，并进行差错控制以及数据流量控制等。可见，在交换网内除了有用户数据传输外，还有许多辅助信息在网内流动，对于较长的报文来说，分组交换的传输效率就不如电路交换和报文交换的高。

（2）技术实现复杂。分组交换机要对各种类型的“分组”进行分析处理，为“分组”在网中的传输提供路由，并且在必要时自动进行路由调整，为用户提供速率、代码和规程的变换，为网络的维护管理提供必要的报告信息等，要求交换机有较高的处理能力。

相对于电路交换的固定资源分配方式，分组交换属于动态资源分配方式，它对链路的使用是采用统计复用的方式，不是独占的方式，因此其链路利用率高。同时，它采用差错控制等措施，使其可靠性高，但传输时延大。当然，这也满足了前面提出的针对数据通信的要求。计算机网络中的交换设备，如以太网交换机、IP 网络中的路由器等，按其主要功能，都属于分组交换设备。

1.3.6 快速分组交换——帧中继

虽然分组交换的灵活性和网络运行的高效性较之于电路交换更适合作为将来宽带通信的交换和传输的支持，但是无法提供高速和实时业务的传输也是它的明显不足。人们开始研究新的分组交换技术以适应新的传输和交换要求。

在讲述快速分组交换以前，先分析一下有关分组交换协议设计的基本出发点，即分组交换技术适合的网络运行环境。在 20 世纪 70 年代通信网络是以模拟通信为主，可以提供传输数据的信道大多数是频分制的电话信道，信道带宽为话带带宽 0.3～3.4 kHz，传输速率一般不大于 9.6Kb / s，误码率为 10^{-4}～10^{-5}。这样的误码率不能满足数据通信的要求。在这种环境下设计的数据传输协议 X.25 必须兼顾以下高效和正确性的原则：

（1）采用虚电路复用方式提高信道利用率，减少网络传输费用。

（2）在网络相邻节点的传输通路上执行差错控制协议，保证相邻网络节点之间传输数据的正确性。具体地说，只有发送节点发出一个或一组分组后，等待接收交换节点返回正确收到的应答消息，然后再发送下一个或一组数据，如果数据出错则重新发送。这时候在传输的分组上必须加上相应的校验序列，使接收端可以确认收到的数据是否正确。

（3）为了保证线路上传输的数据不超过线路可以传输的容量，一般采用类似于上面停止等待协议的流量控制。

X.25 协议规定了较丰富的控制功能，获得了很高的可靠性，但是由此加重了分组交换机的处理负担，使分组交换机的分组吞吐量和中继线速率进一步提高受到限制，而且导致了分组通过网络的时延比较大。

20 世纪 80 年代后期以光纤为传输媒体的通信网络促进了分组交换技术的发展。光纤通信具有容量大（高速）、质量高（低误码率）的特点，数字传输误码率小于 10^{-9}，系统能提供高达 10～100 Gb / s 的速率。在这样的运行环境下的分组协议显然没有必要像原来的 X.25 协议做许多精巧和繁琐的控制。

分组交换协议的改进首先是为局域网（LAN）互连设计的，因为在 20 世纪 80 年代后期局域网之间的互连成为实际需要。局域网之间的通信具有与传统的语音通信以及分组数据通信不同的特点：

（1）数据传输具有高速特性，通常局域网互连的数据传输速率至少为 1544Kb / s 或 2048Kb / s，这是分组交换接入所无法达到的。所以在未出现帧中继方式之前，一般 LAN 互连是采用专线满足的。

（2）传输信息具有突发特性，信息传输过程可能存在较长时间的空闲，但是如果 LAN 之间传送图形或图像信息时，要求较高的传输速率。在这种情况下，使用昂贵的高速租用线路以满足系统快速的响应时间，会导致资源的浪费，也阻碍了 LAN 之间互连的发展。

（3）运行不同协议局域网之间能互相采用不同的协议。例如，TCP / IP、SNA、XNS 和 IPX 协议适合不同的网络构建方式，具有独立的端到端的差错监测和纠正功能，显然互连必须能够处理多协议通信。

针对这些问题，以及传输媒体使用光纤这样的事实，帧中继技术对 X.25 协议进行改进以实现高速数据传输，完成按需分配带宽以适应突发信息的要求，处理多协议满足不同 LAN 的互连。

帧中继的设计思想非常简单，可以概括为以下几点：

（1）帧中继中取消了 X.25 协议规定网络节点之间、网络节点和用户设备之间每段传输链路上的数据差错控制，将本来由网络完成的数据链路上的段差错控制推到网络的边缘，由终端负责完成。网络只进行差错检查，如果发现错误则将数据单元丢失。这是由于采用了光纤作为传输手段，数据传输的误码率急剧下降，链路上出现差错的概率减小，传输信道中不必每段链路都进行差错控制。

（2）帧中继数据传输基本数据单元是帧，帧是计算机网络分层中数据链路层的概念。相比于 X.25，帧中继中帧的格式做了简化，去掉了有关进行链路差错控制帧中的域。帧结构中的信息字段不仅可以存放原来的 X.25 分组，而且可以存放高级数据链路控制（HDLC）或同步数据链路控制（SDLC）协议数据单元，以及 LAN 中逻辑电路控制（LLC）层和媒体访问控制（MAC）层的数据，这样可以实现不同协议数据的封装和传输。

（3）帧中继数据传输采用数据链路连接标识符（DLCI），作为网络传输数据信道标志，类似于分组交换虚电路中的逻辑信道号的概念，因此说帧结构格式中包含路由选择的信息（这是属于计算机网络分层中第 3 层——网络层的概念）。DLCI 指明数据传输的通道，填入交换机的路由表中，指示信息传输的通道，并没有分配网络资源。只有当数据在终端用户之间传输时，才在相邻交换节点之间或端局节点和终端之间分配传输资源，这和分组交换中的虚电路方式是完全一致的。

从上面的快速分组交换中的虚电路分组交换——帧中继技术的设计考虑中可以看到，将网络内部的差错处理推向网络的边缘，由智能终端本身进行处理降低了节点处理负担，减少了分组在网络中的延迟，从而提高了网络的响应速率。帧中继技术是传统分组交换的一种改进方案，适合 LAN 之间数据互连，目前传输速率已达到 34Mb / s。但是，由于帧中继实际采用的是永久虚电路（PVC）的方式，同时由于在网络内部仍旧对数据进行检查，并没有准备适配不同速率的业务（如低速的音频业务和高速的视频业务）以及其他计算机之间的通信，所以目前帧中继一般只是应用于 LAN 之间的互连，但已体现了分组技术良好的适配性，并可以提高网络的利用率。

1991 年末，美国第一个帧中继网——Wilpac 网投入运行，它覆盖全美 91 个城市。北欧的芬兰、丹麦、瑞典、挪威等在 20 世纪 90 年代初联合建立了北欧帧中继网 WORDFRAME，以后英国等许多欧洲国家也开始了帧中继网的建设和运行。在我国，中国国家帧中继骨干网于 1997 年初初步建成，目前能覆盖大部分城市。

1.3.7 ATM 交换

随着计算机技术的发展和计算机互连的需要，用户对数据通信的需求日益增加。在 20 世纪 80 年代后期逐步出现了一些新的业务，利用现有网络的传输和交换能力，扩充了现有网络的服务范围，因此这些业务称为增值业务，具体有：智能用户电报（Teletex）、可视图文（Videotext），遥测（Telemetry）、监视（Surveillance）和告警（Alarm）、电子邮件（Electronic mail）、可视电话（Video Phone）和电视会议（Video Conference）、图文电视（Telex）、视频点播（VOD，Video on Demond）。

这些新业务需要高速、低时延的传输手段，而我们前面讲述的 CTM 技术特点是固定分配资源、面向物理连接、同步时分复用，适应实时话音业务，具有较好的时间透明性；PTM 技术特点是动态分配资源、面向无连接或逻辑连接、统计时分复用，适应可靠性要求较高、有突发特性的数据通信业务，具有较好的语义透明性。CTM 技术和 PTM 技术仅能够支持上述某些业务的交换，是否能够以一种交换的方式支持上述这些业务的通信，人们提出许多改进方案，下面首先介绍电路交换和分组交换的改进方案。

设计快速电路交换和快速分组交换技术的目的都是为了能以统一、简单、快捷的方法支持各种速率、各种业务特性、各种传输要求（时延和误码率）的多媒体信息通信，但是快速电路交换和快速分组交换却并没有达到这样的目的。为了在电路交换网络的基础上，接入多种业务和根据通信业务量分配带宽，快速电路交换引入了许多复杂的控制机制，却也只能适合有限的应用情况，系统的实现和扩展变得异常困难。为了在分组交换的基础上提供高速业务通信，快速分组交换（帧中继）简化了网络对于分组的各种处理，但是由于传输的单元可变性及保留的网络节点对数据信息做校验工作，使得其可以支持的速率仅为 140Mb / s，同时这种方案不能够满足有不同服务要求的各种媒体信息交换和传输，ITU-T 将帧中继定位于数据业务（如 LAN 互连）交换方式。

从上面的介绍可以看到，电路交换和分组交换具有各自的优势和缺陷，两者实际是互补的，电路交换适合实时业务但是无法适配各种速率的业务，并且网络利用率低，而分组交换可以适配各种速率业务、具有较高的复用效率但是却无法很好地支持实时业务。

可以适合各种不同业务的新一代多媒体通信的交换和复用技术，显然必须综合电路交换和分组交换的优势，可以支持高速和低速的实时业务，具有高效的网络运营效率。这就是国际电信联盟 ITU-T 给出的下一代的交换和复用技术——异步传送模式（ATM）。

首先，ATM 这一模式，信息被组织成信元，因包含来自某用户信息的各个信元不需要周期性出现，这种传输模式是异步的。ATM 信元是固定长度的分组，共有 53 个字节，分为两个部分。前面 5 个字节为信头，主要完成寻址的功能；后面的 48 个字节为信息段，用来装载来自不同用户、不同业务的信息。话音、数据、图像等所有的数字信息都要经过切割，封装成统一格式的信元在网中传递，并在接收端恢复成所需格式。由于 ATM 技术简化了交换过程，除去了不必要的数据校验，采用易于处理的固定信元格式，所以 ATM 交换速率得到了极大提高。

其次，ATM 采用面向连接并预约传输资源的方式工作。在 ATM 方式中采用的是分组交换中的虚电路形式，同时在呼叫过程中向网络提出传输所希望使用的资源，网络根据当前的状态决定是否接收这个呼叫。采用预约资源的方式，保证网络上的信息可以在一定允许的差错率下传输。另外考虑到业务具有波动的特点和交换中同时存在连接的数量，根据概率论中的大数定理，网络预分配的通信资源肯定小于信源传输时的峰值速率。可以说 ATM 方式既兼顾了网络运营效率，又能够满足接入网络的连接，进行快速数据传输。

另外，ATM 网络内部取消逐段链路的差错控制和流量控制，而将这些工作推到了网络边缘的终端设备完成。如果信元头部出现差错，会导致信元传输的目的地发生错误，即所谓的信元丢失（相对于原来的目的地）和信元误插入（信元传错目的地），如果网络发现这样的错误，就简单地丢弃信元。至于如何处理由于这些错误而导致信息丢失后的情况则由通信的终端处理。如果信元内负载部分（用户传输的信息）出现差错，判断和处理同样由通信的终端完成。对于不同的媒体传输可以采取不同的处理策略。例如，对于计算机数据通信（文本传输）显然必须使用请求重发技术对错误的信息要求发送端重新发送，但是对于语音和视频这类要求实时的信息如果发生错误，接收端可以采用某种掩盖措施，减少对接收用户的影响。所以异步传送模式（ATM）显然是下一代通信网交换和复用的首选技术。

1.3.8 IP 交换技术

随着计算机互联网（Internet）的飞速发展，用户数量的急剧增长，导致网上信息流的持续增加， Internet 带宽变得十分紧张，Internet 上经常发生拥塞，用户业务质量得不到保证。ATM 技术为解决现有 Internet 所面临的问题提供了解决方案。用 ATM 网络从多方面来进行改进，即如何在 ATM 网络上支持 Internet 。这里所说的 IP 交换技术就是将 ATM 交换技术和应用最普及的 IP 技术融合起来，它主要有叠加模型和集成模型两大类。

属于叠加模型的 IP 交换技术主要有 CIP 、IPOA 和 MPOA。在叠加模式中，IP 层运行于 ATM 层之上，实现信息传送需要两套地址——ATM 地址和 IP 地址,两种选路协议——ATM 选路协议和 IP 选路协议，还需要地址解析功能，完成 IP 地址到 ATM 地址的映射。

属于集成模型的 IP 交换技术主要有 IP 交换、Tag 交换和 MPLS。在集成模式中，只需要一种地址——IP 地址，一种选路协议——IP 选路协议，无须地址解析功能，不涉及 ATM 信令，但需要专用的控制协议来完成 3 层选路到 2 层直通交换机构的映射。

不管是叠加模型还是集成模型，其实质都是将 IP 选路的灵活与 ATM 交换的大容量和高速度结合起来。

1.3.9 光交换

在长途信息传输方面，光纤已经占了绝对的优势。用户环路光纤化也得到很大发展，尤其是宽带综合业务数字网（B-ISDN）中的用户线路必须用光纤。网络中大量传送的是光信号，而在交换节点信息还以电信号的形式进行交换，那么当光信号进入交换机时，就必须将光信号转变成电信号，才能在交换机中交换，而经过交换后的电信号从交换机出来后，需要转变成光信号才能在光纤传输网上传输，如图 1-3 所示。这样的转换过程不仅效率低下，而且由于涉及电信号的处理，要受到电子器件速率“瓶颈”制约。

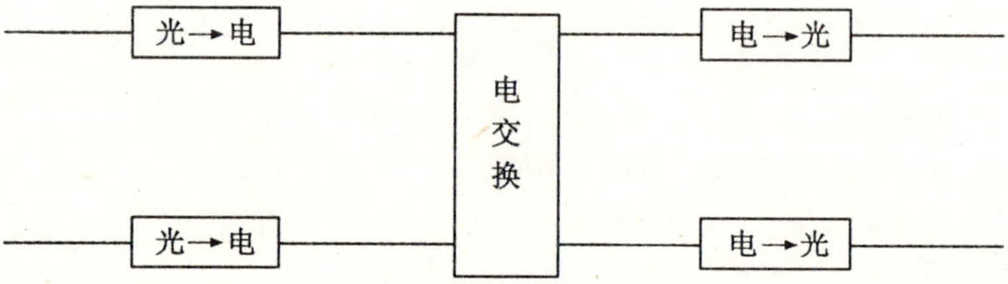

图 1-3　光信号的电交换

光交换和 ATM 交换一样，是宽带交换的重要组成部分。光交换是基于光信号的交换，如图 1-4 所示。在整个光交换过程中，信号始终以光的形式存在，在进出交换机时不需要进行光/电转换或者电/光转换，从而大大提高了网络信息传送和处理能力。

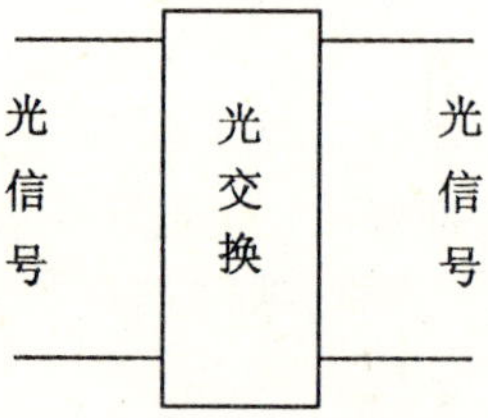

图 1-4　光交换

1.3.10 软交换

当前，基于 Internet 的各种应用正如火如荼地迅猛发展，带动着 IP 网以令人难以置信的增长速度迅速发展。随着 Internet 应用的大规模普及，“Everything Over IP”已经成为网络的发展趋势，基于分组网络的语音业务也成为研究与开发的热点。以软交换为核心的下一代网络技术正是在这种要求下应运而生。

软交换技术是以 IP 网作为核心承载网的分组语音技术，这种技术大大增加了网络的灵活性和可扩展性。传统的语音技术，虽然可以提供优良的语音业务，但是每个交换和信令的控制，需要较长周期提供新业务。在竞争日益残酷的市场面前显得力不从心。软交换技术提出一个新的概念，将呼叫控制、业务承载、业务逻辑相分离，采用标准的通信协议进行连接和交互，可以更加灵活地在网络上提供业务，克服了传统电路交换在业务提供方面的不足。

软交换技术是一个体系结构，并不是一个单独的设备，而是一系列分布于IP网络之上设备的总称。软交换是软交换系统的控制中心，它最主要的特点就是采用了分层的体系结构，各层之间采用标准的协议和接口，各层之间相互独立，独自发展，每层之内的技术革新，不影响其他层，采用统一的分组传送网络，使语音、数据、多媒体业务的融合成为可能，开放的应用编程接口（API）可以支持运营商、第三方业务提供商通过API开发新业务。

软交换技术是网络演进以及下一代分组网络的核心设备之一，它独立于传送网络，主要完成呼叫控制、承载控制、地址翻译、路由、网关控制、计费数据收集等功能，同时可以向用户提供现有电路交换机所能提供的所有业务，并向第三方提供可编程能力。

小 结

交换设备是通信网的重要组成部分，交换技术的发展与通信网的发展是分不开的。交换系统必须具备能正确识别和接收从用户线或中继线发来的通信发起信号、能正确接收和分析从用户线或中继线发来的通信地址信号、能按目的地址正确地进行选路以及在中继线上转发信号、能控制连接的建立与拆除、能控制资源的分配与释放功能。

按照信息传送模式的不同，可将交换方式分为电路传送模式（CTM）、分组传送模式（PTM）和异步传送模式（ATM）三大类。

习 题

1. 交换系统的基本功能是什么？
2. 简述数据通信与语音通信的主要区别。
3. 按照信息传送模式的不同，可将交换技术分成哪几种方式？
4. 通过第1章的学习，你对交换技术未来的发展有哪些新的观点和认识？

第2章 电路交换技术

2.1 电路交换技术的发展

电路交换技术的特点是：任意两个终端用户需要通信时，在两用户之间建立一条临时通路，通路在整个通信期间不论在中间停顿与否，一直连通，直至通信结束时方可释放。由于电话通信采用的是电路交换技术，因此，下面以电话交换的发展过程来介绍电路交换技术的发展。

2.1.1 电路交换技术的发展

自 1876 年美国贝尔发明电话以来， 随着社会需求的日益增长和科技水平的不断提高，电路交换技术处于迅速的变革与发展之中，其历程大致可以分成三个阶段：人工交换，机电交换与电子交换。早在 1878 年就出现了人工交换机，它是借助话务员进行电话接续，显然其效率是很低的。15 年后步进制（step-by-step）交换机问世，它标志着交换技术从人工时代迈入机电自动交换时代。这种机电式交换机必定是“直接控制”方式，即用户可以通过话机拨号脉冲直接控制步进接线器做升降与旋转动作，从而自动地完成用户间的接续。这种交换机虽然实现了自动接续，但存在着速度慢、效率低、杂音大与机械磨损严重等缺点。直到 1938 年发明了纵横制交换机才部分地解决了上述问题，相对于步进制交换机，它有两方面重要改进：一是利用由继电器控制的压接触接线陈列代替大幅度动作的步进接线器，从而减小了磨损与杂音，提高了可靠性和接续速度；二是由直接控制过渡到间接控制方式，这样，用户的拨号脉冲不再直接控制接线器动作，而先由记发器接收、存储，然后通过标志器驱动接线器，以完成用户间接续。这种间接控制方式将控制部分与话路分开，提高了灵活性与控制效率，加快了速度。由于纵横制交换机具有一系列优点，因而它在电话交换发展史上占有重要的地位，得到了广泛的应用，直到现在，世界上相当多国家和我国不少地区的公用电话通信网仍使用纵横制交换机。

随着电子技术，尤其是半导体技术的迅速发展，人们打算在交换机内引入电子技术，称做电子交换机，最初引入电子技术的是在交换机的控制部分。而在对落差系数要求较高的话路部分则在较长一段时期未能达到人们的目的——引入电子技术。因此出现了“半电子交换机”、“准电子交换机”。它们都是用机械接点作为话路部分，而控制部分则采用电子器制作，差别是后者采用了速度较快的“笛簧接线器”。

1946 年第一台存储程序控制电子计算机的诞生，对交换技术的发展起了巨大的影响。当初，由于计算机的可靠性还不十分高，而交换机对其控制部件要求却很高，要求几十年内连续不断工作，这对专用于交换机的计算机提出了很高要求，从而提高了成本，由于控制机昂贵，当时采用的是集中控制方式，使得系统较为脆弱。只有在大规模集成电路，尤其是微处理器和半导体存储器大量问世以后才得到彻底改变。

早期的程控交换是“空分”的，它的话路部分往往采用机械接点，例如：1965 年美国投产的第一台程控交换机——ESS No.1 系统，就是一台空分交换机。

随着数字通信与脉冲编码调制（PCM）技术的迅速发展和广泛应用，世界各先进国家自 20 世纪 60 年代开始以极大的热情竞相研制程控数字交换机，经过艰苦努力，法国首先于 1970 年在拉尼翁（lanion）成功地开通了世界上第一个程控交换系统 E10，它标志着交换技术从传统观念的模拟交换进入数字交换时代。随着微处理机技术和专用集成电路的飞跃发展，程控数字交换的优越性愈加明显地展现出来。目前所生产和使用的中、大容量程控交换机全部为数字式的。

2.1.2 电路交换技术的分类

近百年来由于技术的不断发展，交换系统的设计有很大进展，由人工交换台发展到自动交换设备；由机电制交换设备发展到电子制交换设备。在控制方式上由直接控制向间接控制发展的同时，交换系统在向用户提供新业务、减少设备的费用和体积方面有了很大的进展，特别是近几十年来由于数字技术的发展，给交换技术和传输技术的统一提供了条件。

电路交换的分类大致如下：

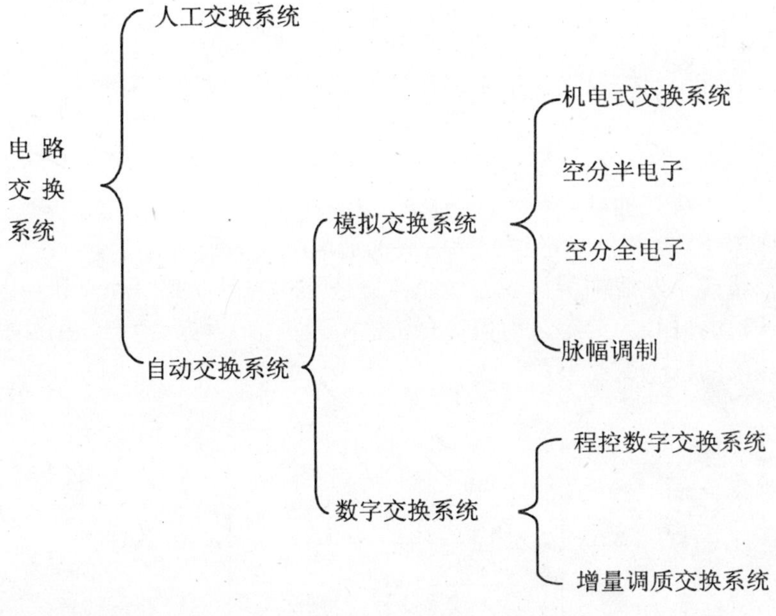

自动交换系统从信息传递方式上可以分为：

（1）模拟交换系统。这是对模拟信号进行交换的交换设备。通过电话机发出的话音信号就是模拟信号。如步进制、纵横制等都属于模拟交换设备，对于电子交换设备来说，属于模拟交换系统的有空分式电子交换和脉幅调制（PAM）的时分式交换设备。

（2）数字交换系统。这是对数字信号进行交换的交换设备。目前最常用的数字信号为脉冲编码调制（PCM）信号对 PCM 信号进行交换的数字交换设备。

自动电话交换系统从控制方式上来讲可以分为：

（1）布线逻辑控制交换系统（简称布控交换系统）。这种交换系统的控制部分是用机电元件（例如继电器等）或电子元件做在一定制的印制板上，通过机架布线做成。这种交换系统的控制件做成后便不好更改，灵活性小。

（2）存储程序控制交换系统（简称程控交换系统）。这是用数字电子计算机控制的交换系统。采用的是电子计算机中常用的“存储程序控制”方式。即把各种控制功能、步骤、方法编成程序，放入存储器，利用存储器内所存储的程序来控制整个交换工作。要改变交换系统功能，增加交换新业务，往往只要通过修改程序或数据就能实现，这样就提高了灵活性。

2.2 电路交换系统的基本功能

2.2.1 电路交换呼叫接续过程

两个用户终端间的每一次成功的通信都包括以下三个阶段：

（1）呼叫建立。

用户摘机表示向交换机发出通信请求信令，交换机向用户送拨号音，用户拨号告知所需被叫号码，如果被叫用户与主叫用户不属于同一台交换机则还应由主叫方交换机通过中继线向被叫方交换机或中转汇接机发电话号码信号，测试被叫忙闲，如被叫空闲，向被叫振铃，向主叫送回铃音，各交换机在相应的主、被叫用户线之间建立（接续）起一条贯通的通信链路。

（2）消息传输。

主、被叫终端间通过用户线及交换机内部建立的链路和中继线进行通信。

（3）话终释放。

任何一方挂机表示向本地交换机发出终止通信的信令，使链路涉及的各交换机释放其内部链路和占用的中继线，待其他呼叫使用。

当然，如果因网络中无空闲路由或被叫站占线而造成呼叫失败时，将不存在后两个阶段，在不同的阶段，用户线或中继线中所传输信号的性质是不同的，在呼叫建立和释放阶段，用户线和中继线中所传输的信号为信令，而在消息传输阶段的信号称为消息。图 2-1 表示交换过程的三个阶段及相应的信令交互关系。

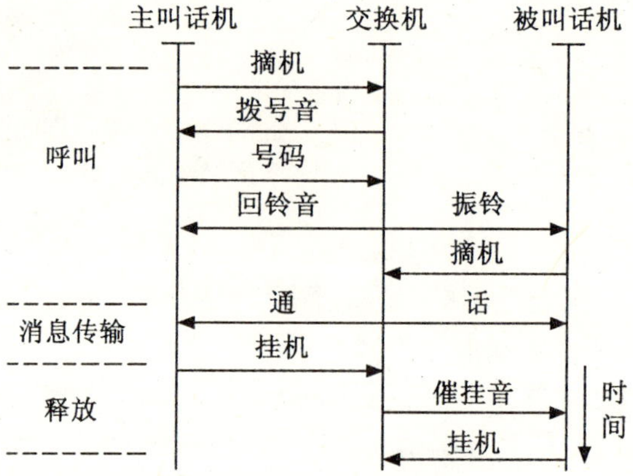

图 2-1 交换过程的三个阶段及相应的信令交互关系

2.2.2　电路交换系统的基本功能

对应于上述的呼叫接续三个阶段，可以概括出对交换系统在呼叫处理方面的5项基础要求：

- 能随时发现呼叫的到来。
- 能接收并保存主叫发送的被叫号码。
- 能检测被叫的忙闲及是否存在空闲通路。
- 能向空闲的被叫用户振铃，并在被叫应答时与主叫建立通话电路。
- 能随时发现任何一方用户的挂机。

从交换系统的功能结构来分析，交换系统的基本功能应包含连接、信令、终端接口和控制功能，如图2-2所示。

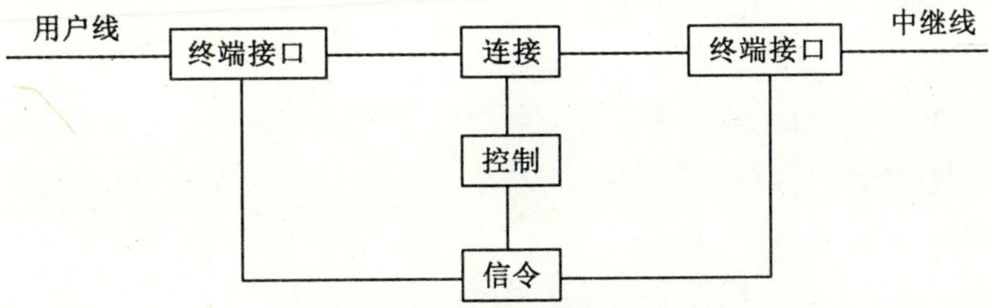

图2-2　交换系统的基本功能

（1）连接功能。

对于电路交换而言，呼叫处理的目的是在需要通话的用户之间建立一条通路，这就是连接功能。连接功能由交换机中的交换网络实现。交换网络可在处理机控制下，建立任意两个终端之间的连接。下面介绍数字交换系统的交换过程，如图2-3所示。

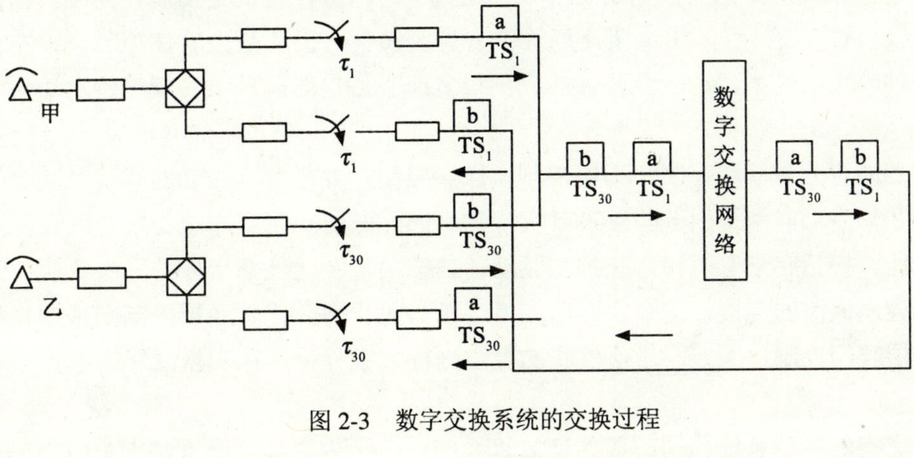

图2-3　数字交换系统的交换过程

数字交换系统应采用数字交换网络，直接对数字化的话音信号进行交换。交换是在各时隙间进行的。在数字交换机中，每个用户都占用一个固定的时隙，用户的话音信息就装载在各个时隙之中。例如，有甲、乙两个用户，甲用户的发话音信息a或收话信息都是在固定使

用时隙 TS_1。而乙用户的发话音信息 b 或收话音信息都是固定使用时隙 TS_{30}。

如果这两个用户要互相通话则甲用户的话音信息 a 要在 TS_1 时隙中送至数字交换网络，而在 TS_{30} 时隙中将其取出送至乙用户。乙用户的话音信息 b 也必须在 TS_{30} 时隙中送至数字交换网络，而在 TS_1 时隙中，从数字交换网络中取出送至甲用户，这就是时隙交换，即完成了两个用户间的连接功能。

顺便指出，交换网络除了提供通话用户间的连接通路外，还应提供必要的传送信令通路，例如，音频信号发送、控制接续信令的接收等。

（2）信令功能。

在呼叫建立的过程中，离不开各种信令的传送和监视，可以简单地概括如下：

- 监视：呼出监视；应答与接收监视。
- 号码：脉冲接收；音频信号接收。
- 音信号：拨号音；铃流与回铃音；忙音。

用户终端和本地交换机之间的信令称为终端信令或用户-网络信令，交换机之间通过中继线传递的信令称为局间信令。

（3）终端接口功能。

用户线和中继线通过终端接口而接至交换网，终端接口是交换设备与外界连接的部分，又称为接口设备或接口电路、终端接口功能与外界连接的设备密切相关，因而，终端接口的种类也很多，主要划分为中继侧接口和用户侧接口两大类。终端接口还有一个主要功能就是与信令的配合，因此，终端接口与信令也有密切的关系。

（4）控制功能。

连接功能和信令功能都是按接收控制功能的指令而工作。人工交换机由话务员控制，程控交换机由处理机控制。实际上，自动交换机有两种控制方式：布控与程控。布控是布线控制的简称，控制设备由完成预定功能的数字逻辑电路组成，也就是由硬件控制。程控是存储程序控制（SPC）的简称，用电子计算机作为控制设备，也就是由软件控制。程控交换具有很多优越性，灵活性大，适应性强，能提供很多新服务功能，易于实现维护自动化，因此发展很快。

控制功能可分为低层控制和高层控制。低层控制主要是对连接功能和信令功能的控制。连接功能和信令功能都是由一些硬设备实现的。因此低层控制实际上是指与硬设备直接相关的控制功能，概括起来有两种：扫描与驱动。扫描用来发现外部事件的发生或信令的到来。驱动用来控制通路的连接、信令的发送或终端接口的状态变化。高层控制则是指与硬设备隔离的高一层呼叫控制，例如，对所接收的号码进行数字分析，在交换网络中选择一条空闲的通路等。

程控交换的控制系统如同一般的计算机系统，包括中央处理器（CPU）、存储器和输入/输出（I/O）接口三部分，但它的接口种类和数量大于一般计算机系统。图 2-4 给出了一个典型的程控交换机控制系统的电器结构框图。

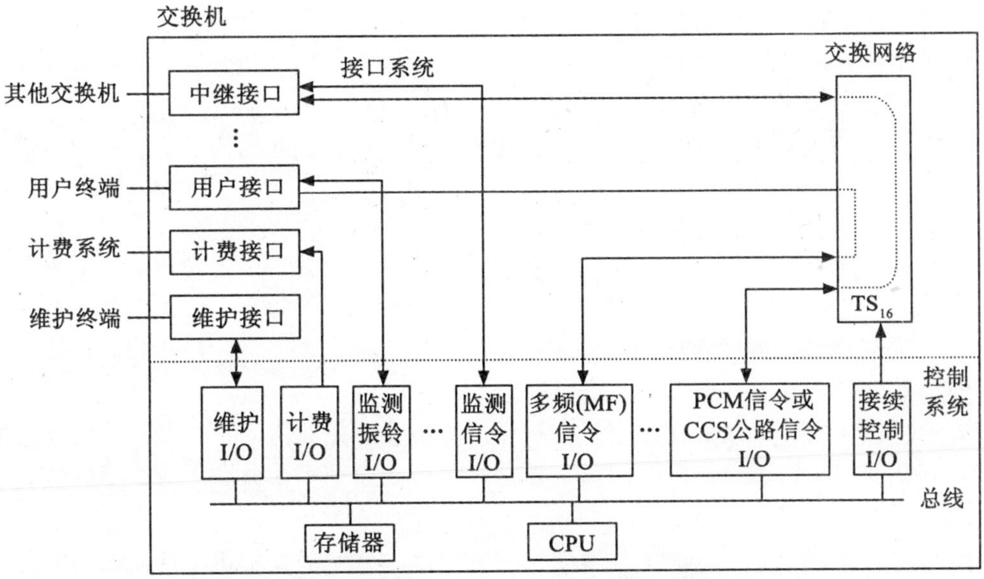

图 2-4 典型的程控交换机控制系统的电器结构框图

2.2.3 控制系统的结构

现代程控交换机的控制系统日趋复杂，但归结起来可以分为两种基本的配置方式：集中控制和分散控制。这里讨论的控制方式是控制系统中处理机的配置方式。

（1）集中控制方式。

早期的空分程控交换机都采用这种控制方式，其框图如图 2-5 所示。

这种控制方式的交换机只配备一对处理机（称中央处理机），交换机的全部控制工作都由中央处理机来承担。

集中控制的主要优点是处理机能掌握整个系统的状态，可以到达所有资源；功能的改变一般都在软件上进行，比较方便。但是，这种集中控制的最大缺点是软件包要涵盖各种不同特性的功能，规模庞大，不便于管理，而且易于受到破坏。

早期的程控交换机通常采用双机集中控制方式，称为双机系统。双机集中控制又可分为话务分担和主备用方式。

①负荷分担。

负荷分担方式的基本结构如图 2-6 所示。

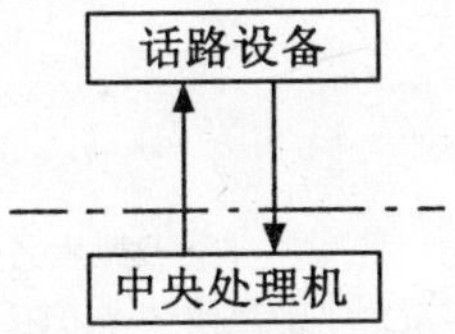

图 2-5 集中控制方式

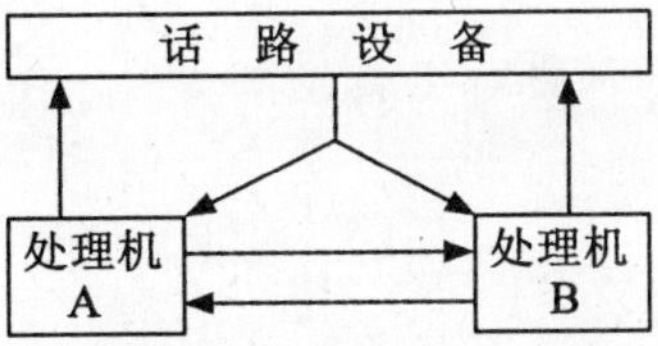

图 2-6 负荷分担方式

负荷分担也叫话务分担，两台处理机独立进行工作，在正常情况下各承担一半话务负荷。

当一机产生故障，可由另一机承担全部负荷。为了能接替故障处理机的工作，必须互相了解呼叫处理的情况，故双机应具有互通信息的链路。为避免双机同抢资源，必须有互斥措施。

负荷分担的主要优点如下：

- 过负荷能力强。由于每机都能单独处理整个交换系统的正常话务负荷，故双机负荷分担时，可具有较高的过负荷能力，能适应较大的话务波动。
- 可以防止软件差错引起的系统阻断。由于程控交换软件系统的复杂性，不可能没有残留差错。这种程序差错往往要在特定的动态环境中才显示出来。由于双机独立工作，故程序差错不会在双机上同时出现，加强了软件故障的防护性。
- 在扩充新设备、调试新程序时，可使一机承担全部话务，另一机进行脱机测试，从而提供了有力的测试工具。

负荷分担方式由于双机独立工作，在程序设计中要避免双机同抢资源，双机互通信息也较频繁，这都使得软件比较复杂，而对于处理机硬件故障则不如微同步方式那样较易发现。

②主备用方式。

主备用方式如图 2-7 所示，一台处理机联机运行，另一台处理机与话路设备完全分离而作为备用。当主用机发生故障时，进行主备用转换。

主备用有冷备用与热备用两种方式。冷备用时，备用机中没有呼叫数据的保存，在接替时要根据原主用机来更新存储器内容，或者进行数据初始化。

（2）分散控制方式。

所谓分散控制，就是在系统的给定状态下，每台处理机只能达到一部分资源和只能执行一部分功能。

①单级多机系统。

图 2-8 为单级多机系统示意图，各台处理机并行工作，每一台处理机有专用的存储器，也可设置公用存储器，为各处理机共用，作为机间通信之用。

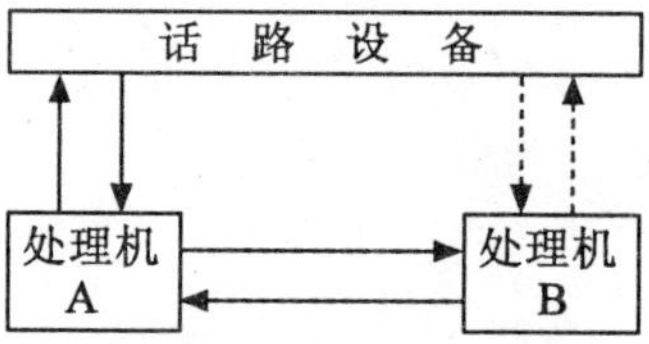

图 2-7　主备用方式

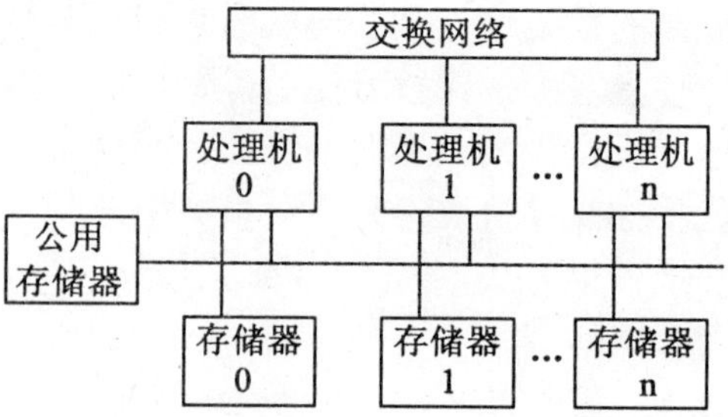

图 2-8　单级多机系统

多机之间的工作划分为有容量分担与功能分担两种方式。

- 容量分担

每台处理机只承担一部分容量的呼叫处理任务，例如，800 门的用户交换机中，每台处理机控制 200 门。容量分担实际上也相当于负荷分担，但面向固定的一群用户。

容量分担的优点是处理数量可随着容量的增加而逐步增加，缺点是每台处理机要具有所有的功能。

- 功能分担

每台处理机只承担一部分功能，只能装入一部分程序，分工明确，缺点是容量较小时，也必须配置全部处理机。

在大型程控交换机中，通常将容量分担与功能分担结合使用。还应注意的是，不论是容量分担还是功能分担，为了安全可靠每台处理机一般均有其备用机，按主备用方式工作，也可采用 N+1 备用方式。对于控制很小容量的处理机，也可以不设备用机。

②多级处理系统。

图 2-9 是三级多机系统的示意图。

在交换处理中，有一些工作执行频繁而处理简单，如用户扫描等。另一些工作处理较复杂但执行次数要少一些，如数字接收分析，至于故障诊断等维护测试则执行次数更少而处理很复杂。所以说，处理复杂性与执行次数成反比。

多级系统可以很好地适应以上特点。用预处理机执行频繁而简单的功能，可以减少中央处理机的负荷，用中央处理机执行分析处理等较复杂的功能。也就是与硬件无直接关系的较高层呼叫处理功能；用维护管理处理机实现专门执行维护管理的各种功能。这样，就形成了三级系统。

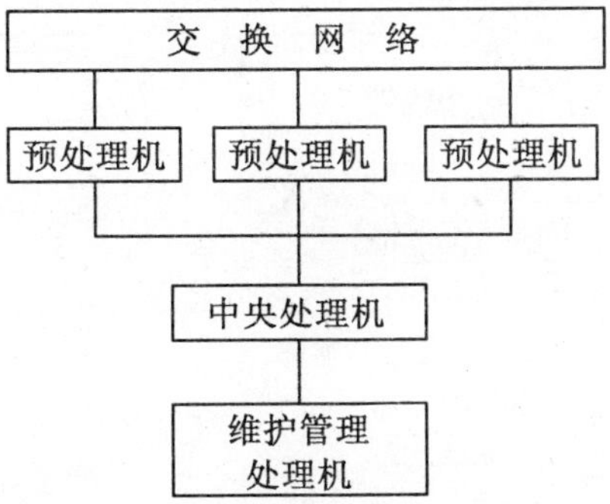

图 2-9　三级多机系统

在如图 2-9 所示的三级多机系统中，实际上也是功能分担与容量分担的结合，三级之间体现了功能有分担，而在预处理机这一级采用容量分担。即每个预处理机控制一定容量的用户线或中继线。中央处理机也可以采用容易分担，而维护管理处理机一般只用一对。

预处理机又称为外围处理机或区域处理机，通常采用微机。中央处理机和维护管理处理机可采用小型机或功能强的高速微机。

③分布式控制。

随着微处理机的迅速发展，分散控制程度可以更高，而采用全微机的分布式控制方式，可更好地适应硬件和软件包的模块化，比较灵活，适合于未来的发展，出故障时影响小。

在分布式控制中，每个用户模块或中继模块基本上可以独立自主地进行呼叫处理。

2.3　电路交换系统的接口电路

接口是交换机中惟一与外界发生物理连接的部分。为了保证交换机内部信号的传递与处理的一致性，任何外界系统原则上都必须通过接口与交换机内部发生关系。交换机接口的设计不仅与它所直接连接的传输系统有关，还与传输系统另一端所连接的通信设备的特性有关。

为了统一接口类型与标准，CCITT 对交换系统应具备的接口种类提出了建议，规定了中继侧接口、用户侧接口、操作管理和维护接口的电气特性和应用范围，如图 2-10 所示。

中继侧接口即至其他交换机的接口，Q.511 规定了连接其他交换机的接口有三种。接口 A 和接口 B 都是数字接口，前者通过 PCM 一次群线路连接至其他交换机，而后者却通过 PCM 二次群线路连接到其他交换机，它们的电气特性及帧结构分别在建议 G.703、G.704 和 G.705 中规定；接口 C 是模拟中继接口，有二线和四线之分，其电气特性分别在 Q.552 和 Q.553 中规定。

用户侧接口有二线模拟接口 Z 和数字接口 V 两种。

操作、管理和维护（OAM）接口用于传递和操作与维护有关的信息。交换机至 OAM 设备的消息主要包括交换机系统状态、系统资源占用情况、计费数据、测量结果报告及告警信息等，在维护管理中 Q3（图 2-10 中未标出）是通过数据通信网（DCN）将交换机连接到电信管理网（TMN）操作系统的接口。

下面我们仅对用户侧和中继侧接口电路进行分析。

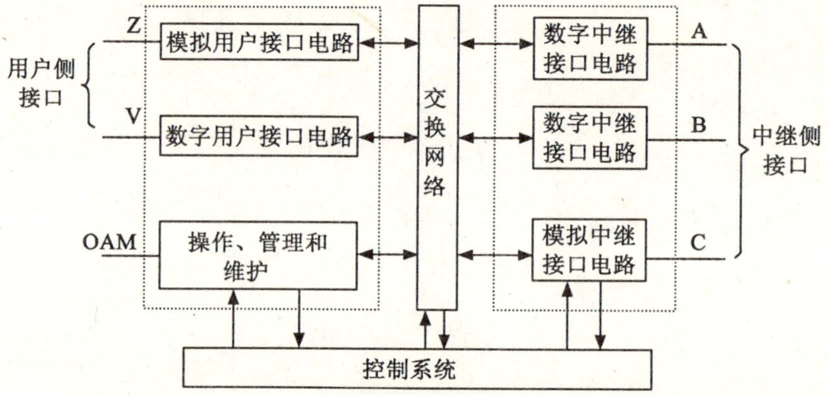

图 2-10　程控交换系统接口类型的示意图

2.3.1　模拟用户电路

模拟用户接口程控交换设备连接模拟话机的接口电路，也常称为用户电路（LC）。

在程控数字交换系统中，由于交换网络的数字化和集成化，直流和电压较高的交流信号都不能通过，许多功能都由用户电路来实现，所以对电路性能的要求大为增加。而在市话交换机中，用户电路的成本约占交换机的 60%，因此各国都很重视用户电路的设计和高度集成化，这对于整机的成本降低和体积减小，都有着很大的影响。

程控数据交换机中的用户电路功能可归纳为 BORSCHT 七项功能，随着 VLSI 技术的发展和制造成本的下降，目前已出现了许多用户专用集成电路。BORSCHT 功能仅需使用用户线接口电路（SLIC）和编解码电路（CODEC）两片专用集成电路及少量的处围辅助电路便可实现。SLIC 是用户线接口电路的缩写，它一般完成 BORSTH 功能，C 功能则需由独立的 CODEC 提供。为了便于理解这七项功能，将分别说明。

（1）馈电 B（Battery feeding）。

所有连在交换机上的电话分机用户，都由交换机向其馈电。数字交换机的馈电电压一般为-48V，在通话时的馈电电流在 20～50mA。

馈电方式有电压馈电和电流馈电两种。

电压馈电一般要使用电感线圈,如图 2-11 所示。为了减小话音的传输衰耗,因此,电感线圈的感抗一般取 600mH 左右。此外,为减小 a、b 线对地不平衡所产生的串话，两个馈电线圈的感抗要尽可能一致。

电流馈电方式如图 2-12 所示。这种馈电方式通过由电子元器件组成的恒流源向用户恒流馈电。它可以不使用电感线圈，减小了用户电路体积。易于集成化，且传输性能受线路距离的影响小。

（2）过压保护 O（Over voltage protection）。

这是二次过压保护，因为在配线架上的气体放电管（保安器）在雷击时已短路接地，但其残余的端电压仍在 100V 以上，这对交换机仍有很大威胁，故采取二次过压保护措施。在用户电路中的过压保护装置多采用二极管桥式钳位电路，如图 2-13 所示。通过二极管的导通，使 A 点、B 点电位被钳制在-48V 或地电位。

在 a、b 线上的热敏电阻 R 也起限流作用，其电阻值随着电流的增大而增大。

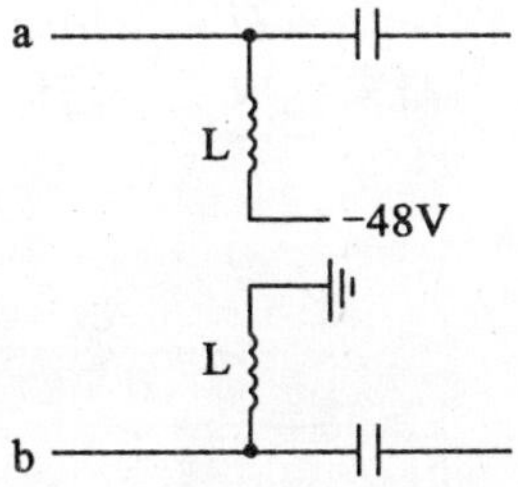

图 2-11 电压馈电方式

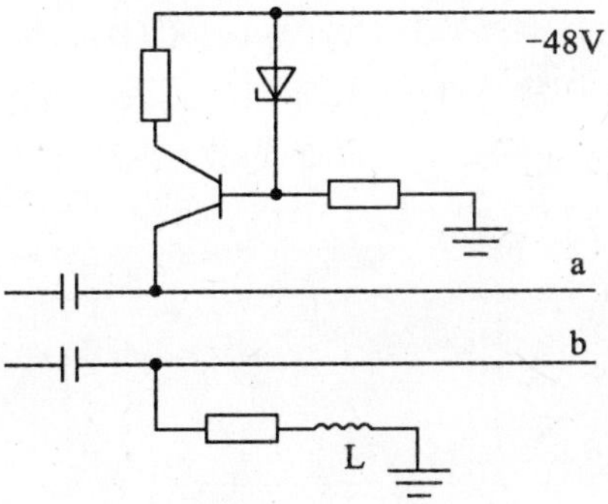

图 2-12 电流馈电方式

（3）振铃 R（Ringing）。

振铃电压较高，国内规定为 90V±15V。因此，程控交换机采用振铃继电器，控制铃流接点，如图 2-14 所示。

振铃是由用户处理机的软件控制，当需要向用户振铃时，就发生控制信号，使继电器 S 动作，控制接点闭合，振铃电路发生铃流送到用户。当用户摘机时，摘机信号可由环路监视电路检测或由振铃回路监视电路检测，立即切断铃流回路，停止振铃。有些交换机已将这部分功能由高压电子器件实现，取消了振铃继电器。

（4）监视 S（Supervision）。

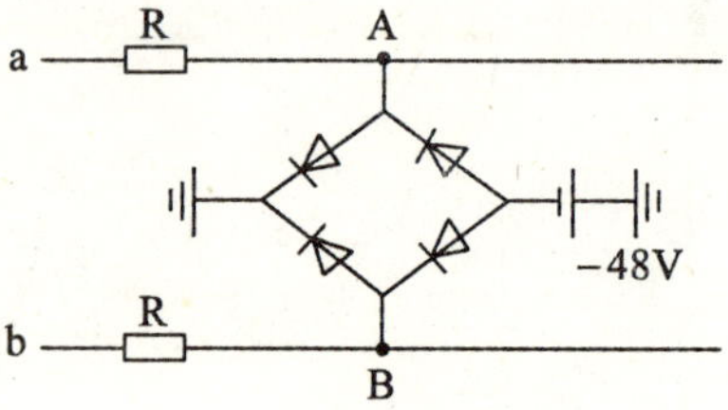

图 2-13　过压保护电路

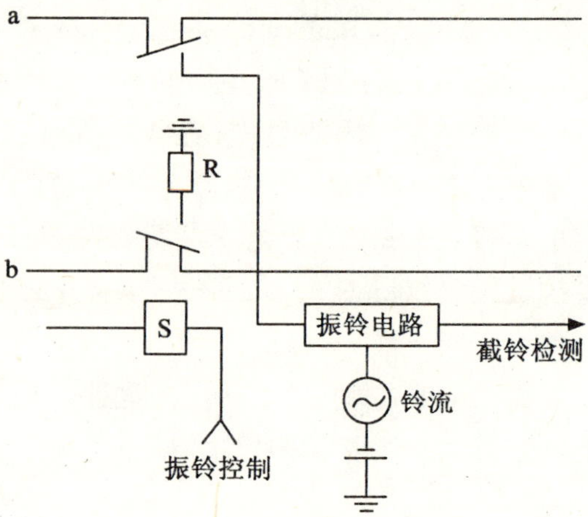

图 2-14　振铃控制

监视功能主要是监视用户线回路的通/断状态。这一功能一般都通过馈电线路中的测试电阻来实现，如图 2-15 所示。通过对用户线回路通/断状态的检测可以确定下列各种用户状态：

①用户话机摘/挂机状态。

②号盘话机发出的拨号脉冲。

③对用户话终挂机的监视。

④投币话机的输入信号。

（5）编译码和滤波器 C（CODEC and Filters）。

用户电路实际上是模拟电路和数字电路间的接口。所以，模拟信号变为数字信号是由编码器来完成的，而接收来的数字信号要变成模拟信号，则是由译码器来完成的。它们合称为 CODEC，其电路如图 2-16 所示。

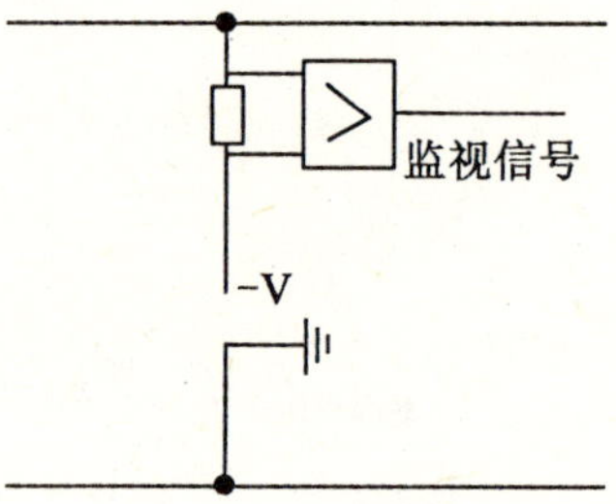

图 2-15　监视电路

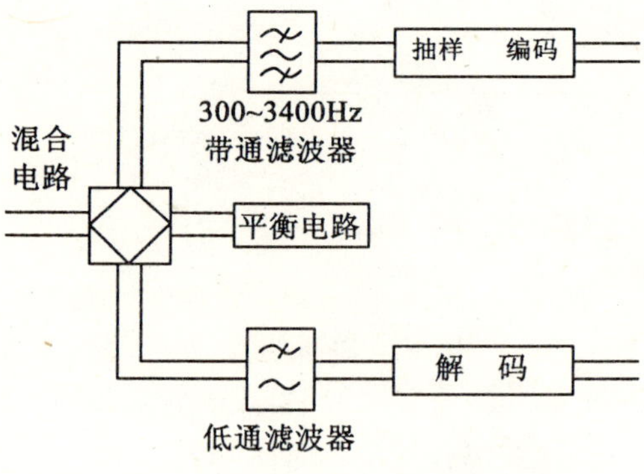

图 2-16　混合电路和编译码器

目前编译码器都采用单路编译码器，即对每个用户单独进行编译码，然后合并成 PCM 的数字流。现在已采用集成电路来实现。

（6）混合电路 H（Hybrid circuit）。

用户话送出的信号是模拟信号，采用二线进行双向传输。而 PCM 数字信号，在去话方向上要进行编码，在来话方向上又要进行译码，这样就不能采用二线双向传输，必须采用四线制的单向传输，所以要采用混合电路来进行二/四线转换。混合电路都采用集成电路。图 2-16 示出了混合电路与编译码器的连接情况。

（7）测试 T（Text）。

测试功能主要用来将各继电器的接点或电子开关闭合，使用户线与测试设备接通，并与交换机分开，以便于用户线进行测试。

这七项功能归纳起来就是 BORSCHT 功能。在 F-150 交换机中，用户电路如图 2-17 所示。

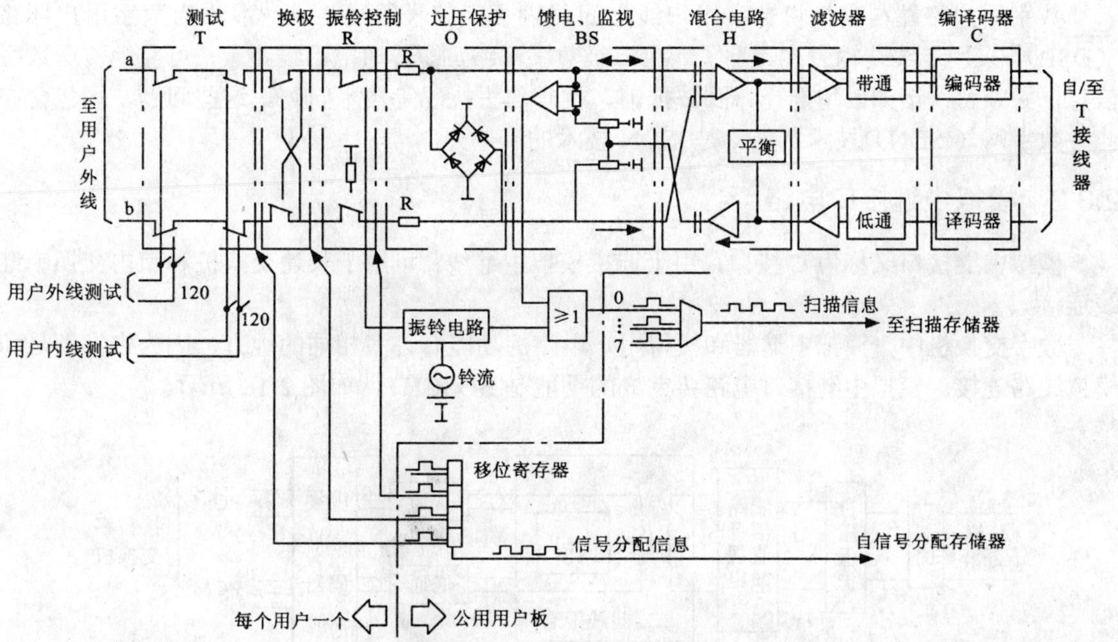

图 2-17 用户电路功能框图

除上述七项基本功能外，还有极性倒换，衰减控制，收费脉冲发送，投币话机硬币集中控制等功能。

2.3.2 数字用户线接口电路

数字用户线是数字程控交换系统和数字用户终端设备之间的接口电路。

所谓数字用户终端设备，即是直接在传输线路上发送和接收数字信号的终端用户设备，例如，数字话机、数字传真机、数字图像设备和个人计算机等。这些数字用户终端设备，通过用线路接到交换机的数字用户线接口，就可实现用户到用户的数字连接。为此开发了本地交换机用户侧的数字接口，它们称为“V”接口。1988 年 CCITT 建议 Q.51 中已规定动作 4 种数字接口 V1～V4，其中，V1 为综合业务数字网（ISDN），并以基本速率（2B+D）接入数字用户接口，B 为 64Kb/s,D 为 16Kb/s,在建议 G.960 和 G.961 中规定了这种接口的有关特性。接口 V2、V3 和 V4 和传输在实质上是相同的，均符合建议 G.703、G.704 和 G.705 的有关规定，它们之间的区别主要是在利用方式与信令要求方面。V2 主要用于通过一次群或二次群数字段去连接远端或本端的数字网络设备，该项网络设备可以支持任何模拟、数字或 ISDN 用户接入的组合。V3 接口主要用于通过一般的数字用户段，以 30B+D（其中 D 为 64Kb/s）的信道分配方式去连接数字用户设备，例如PABX。V4接口用于连接一个数字接入链路，该链路包括一个可支持几个基本速率接入的静态复用器，实质上是ISDN基本接入的复用。

随着电信业务的不断发展，原来已定义的4种接口的应用受到一定的限制，希望有一个标准化的V接口能同时支持多种类型的用户接入，为此ITU-T最近提出了V5接口建议。V5接口是交换机与接入网络（AN）之间的数字接口。这里的接入网络是指交换机到用户之间网络设备。因此V5接口能支持各种不同的接入类型。目前我国生产的大容量的程控数字交换机都配有V5接口设备。

数字用户终端与交换机数字用户线之间传输数字信号的线路，一般称为数字用户环路（DSL），采用二线传输方式。为了能在二级数字环路，即普通电话线路上，可靠地传送数字信息，必须解决诸如码型选择、回波抵消、扰码与去扰码等技术问题。这些问题，均包含在业务数字网（ISDN）技术之中，是ISDN技术的一部分。

2.3.3 模拟中继接口电路

模拟中继接口又称为C接口，用于连接模拟中继线，可用于长途交换机和市内交换中继线连接。

数字交换机中，模拟中继器和模拟用户电路的功能有许多相同的地方，因为它们都是和模拟线路连接。模拟中继接口电路要完成的功能是BOSCHT，如图2-18所示。

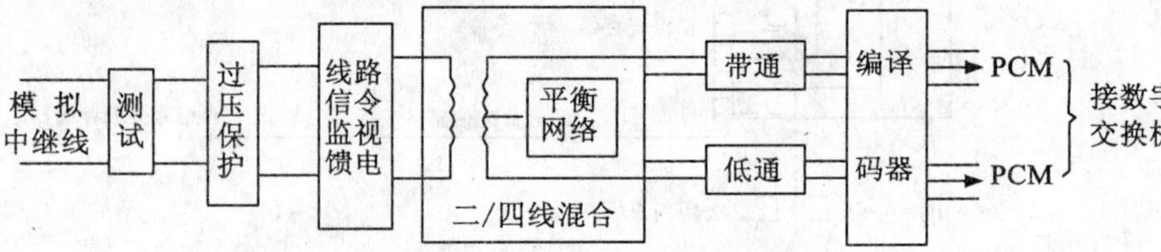

图2-18　用户模拟中继接口方框图

从图2-18可看出，比用户电路少了振铃控制，对用户状态监视变为对线路信令的监视。模拟中继接口要接收线路信令和记发器信令按照测检结果，以提供扫描信号输出。通过驱动也可使中继电路送出所需的信号。

模拟中继接口中的混合功能是完成双向平衡的二线和单向不平衡的四线之间的转换。也就是二/四线转换。为了防止干扰，在混合电路中还提供了平衡网络。

此外，还有对音信号电平的调节功能，在发送和接收两个支路中都有独立调节的增益电路。而滤波和编译码是将模拟的音信号转换成PCM数字码。编码按A律压扩，即用2048kHz和8kHz取样。

模拟中继线有两种：一种是传送音频信号的实线中继线，和用户线一样，在中继线接口中可直接进行数字编码；另一种是按频分复用（FDM）的模拟载波中继线，这种接口通常要先恢复话音信号，然后再进行数字编码。

目前使用较多的是FDM-TDM直接变换方法，即由频分复用模拟的高频信号直接转换为时分复用的PCM数字脉码。这种方法是利用数字信号处理的基本理论，通过快速傅里叶变换来实现，采用这种方法可做到60路FDM超群信号经变换后能在两个PCM30/32路系统中传输，实现了话路数相等的变换。

2.3.4　数字中继接口电路

1. 概述

数字中继（DT）接口又称为A接口或B接口，是数字中继线（PCM）与交换机之间的接口，它常用于长途、市内交换机，用户小交换机和其他数字传输系统。它的出入端都是数字信号，因此无模/数和数/模转换问题。但中继线接连交换机时有复用度、码型变换、帧码定位、时钟恢复等同步问题，还有局间信令提取和插入等配合连接问题。目前大多数中继线接口所连接的码率为2048Kb/s，这里介绍的是A接口数字中继接口电路，如图2-19所示。

从图中可看出，它分成两个方向：从PCM输入至交换机侧和从交换机侧到PCM输出。

输入方向首先是双单变换，然后是码型变换，时钟提取，帧、复帧同步，定位和信令提取。

输出方向是信令插入，连零抵制，帧、复帧同步插入，码型变换，最后单双变换输出。此外，数字中继接口还要适应下面三种同步方式的通信网。

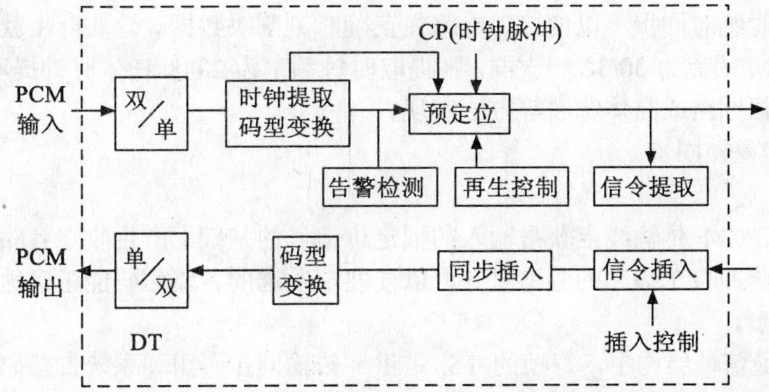

图2-19　数字中继接口框图

（1）准同步方式：各交换机采用稳定性很高的时钟，它们互相独立，但其相互间偏差很小，所以又称异步方式。

（2）主从同步方式：在这种方式的电信网中有一个中心局，备有稳定性很高的主时钟，向其他各局发出时钟信息，其他各局采用这个主时钟来进行同步，因而各机比特率相同，相位有一些差异。

（3）互同步方式：这种网络没有主时钟，各交换局都有自己的时钟，但它们相互连接、相互影响，最后被调节到同一频率（平均值）上。

2. 数字中继接口的功能

前已述及，数字中继接口主要有三方面的功能：信号传输、同步、信令变换，下面分别作进一步说明。

（1）码型变换。

根据再生中继传输的特点，PCM传输线上传输的数字码采用高密度双极性HDB3码或双极性AMI码。为了适应终端电路的特点，在终端通常采用二进码型和单极性满占空（即不归零）的NRZ码。这种码型变换是两个方向都要进行的，输入为双变单，而输出为单变双，如

图 2-20 所示。输入 PCM 双极性码（如 HDB3）先通过运放比较器变换为单极性码；输出分为正极 PCM（PPCM）码和负极性 PCM（NPCM），再经 HDB3/NRZ 变换，还原为单极性码。

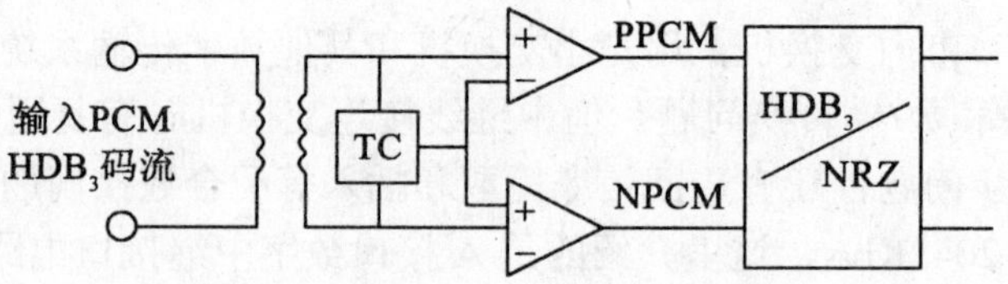

图 2-20 码型变换

除了码型变换，有些交换机还要进行码率变换，如 S-1240 交换机中传输率为 4Mb/s，而 PCM30/32 为 2Mb/s，因此要变换码率。

（2）时钟提取。

从 PCM 传输线上输入的 PCM 码流中，提取对端局的时钟频率，作为输入基准时钟，使收端定时和发端定时绝对同步，以便接口电路在正确时刻判决数据。这实际上就是位同步过程。例如，输入 PCM 码流为 30/32 一次群，则提取时钟频率为 2048kHz。时钟提取方法很多，可利用锁相环、谐振回路或晶体滤波等方法实现。

（3）帧同步和复帧同步。

①帧同步。

在收端从输入 PCM 传输线上获得输入的帧定位信号的基础上产生收端各路时隙脉冲，使与发端的帧时隙脉冲自 TS_0/起的各路对齐，以便发端发送的各路信码能正确地被收端各路接收，这就是帧同步。

在 PCM 数字通信帧结构中，每帧的 TS_0 是供∽传输同步码组和系统告警码组用的。为了实现帧同步，发端固定在偶帧频的 TS_0 的 bit_2∽bit_8∽发一特定码组“0011011”，经过比较、保护和调整，控制收定时的位脉冲发生器和时隙脉冲发生器产生时隙脉冲的顺序，达到帧同步，如图 2-21 所示。

同步检出的脉冲还需识别其真伪。如果发生失步，为了避免对偶发性误码或干扰错判，又为了确定经过调整后是否真的进入同步状态，要采取同步保护，规定连续四次检测不到同步码组才判定系统失步，这叫前向保护。前向保护时间为 3×250μs=750μs，而在失步状态下，规定连续检测两次同步码组，且中间奇帧 TS_0bit_2 为“1”才判定同步恢复，这叫后向保护，后向保护时间为 250μs。

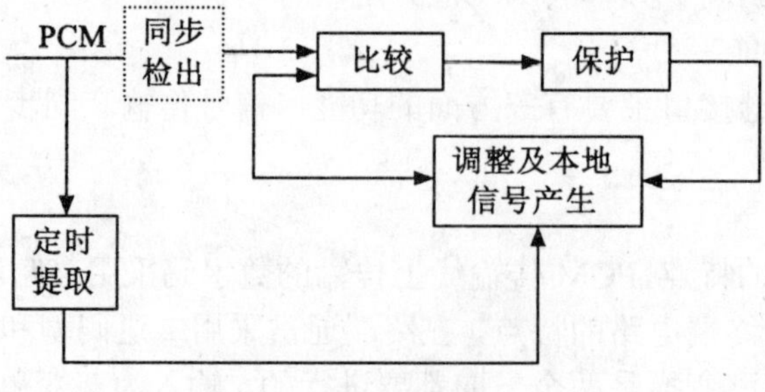

图 2-21 帧同步

②复帧同步。

复帧同步是为了解决各路标志信令的错路问题，随路信令中各路标志信令在一个复帧的 TS_{16}b 上都各有自己确定的位置，如果复帧不同步，标志信令就会错路，通信也无法进行。又由于帧同步以后，复帧不一定同步，因此，在获得帧同步以后还必须获得复帧同步，以使收端自 F0（第零帧）开始的各帧与发端对齐。

帧同步和复帧同步的结果是使收端的帧和复帧的时序按发端时序一一对准。它们都是依靠发送端在特定的时隙或码位上，发送特定的码组或码型，然后在接收端，从收到的 PCM 码流中对同步组或型进行识别、确认和调整，以获得同步。

（4）检测和传送告警信息。

检出故障后产生故障告警信号，向对端发送告警信息，也检测来自对方交换机送来的告警信号，当连续 6 个 50ms 内都发生一次以上误码时，就产生误码告警信号。

（5）帧定位。

帧定位是利用弹性存储器作为缓冲器，使输入 PCM 码流的相位与网络内部局时钟相位同步。具体地说，就是 PCM 输入码流中将提取的时钟控制输入码流存入弹性存储器，然后用局时钟控制读出，这样输入 PCM 信号经过弹性存储器后，读出的相位就统一在本局时钟相位上，达到与网络时钟同步。

（6）帧和复帧同步信号插入。

网络输出的信号不含有帧和复帧同步信号，为了形成完整的帧和复帧结构，在送出信号前，要将帧和复帧信号插入，也就是在第 0 帧的 TS_{16} 插入 11×11111 帧同步信号。完成这些功能后，再经过 NRZ/HDB_{16} 和单/双变换将输出信号送到 PCM 线路上去。

（7）信令提取和格式转换。

信号控制电路将PCM传输线上的信令传输格式转换成适合于网络的传输格式。如在 TS_{16} 中传输时，TS_{16} 提取电路和首先从经过码型变换的 PCM 码流中提取 TS_{16} 信令信息，将其识文断字换为连续的 64Kb/s 信号，在输入时钟产生的写地址控制下，写入控制电路存储器，然后在网络时钟产生的读地址控制下，按送往网络的信令格式逐位读出。

与用户电路的 BORSCHT 功能相对应，对上述数字中继接口的功能也可概括为 GAZPACHO 功能，它们的含义是：

G——Generation of frame code 帧码发生

A——Alignment of frames 帧定位

Z——Zero string suppression 连零抑制

P——Polar conversion 码型变换

A——Alarm processing 告警处理

C——Clock recovery 时钟提取恢复

H——Hunt during reframe 帧同步

O——Office signaling 信令插入和提取

2.3.5 数字多频信号的发送和接收

在程控数字交换机中,除了铃流信号,其他音信号和多频（MF）信号都是采用数字信号发生器直接产生数字信号,使其能直接进入数字交换网。用这种方法可以克服振荡器频率和幅度不稳定的缺点，还节省了模数转换设备。

对于数字多频信号的接收，采用数字滤波器原理进行检测。下面分别说明它们的工作过程。

（1）数字音信号和多频信号发生器。

数字音信号发生器的基本原理是把模拟音信号经抽样和量化，按照一定的规律存入只读存储器（ROM）中，再配合控制电路，在使用时按所需要的要求读出即可。

（2）数字音频信号的发送。

在数字交换机中，各种数字信号可以通过数字交换网络送出，与普通话信号一样处理。也可以通过指定时隙（如时隙 0，时隙 16）传送。

F-150 机的数字音频信号通过 2 条上行信道送到数字交换模块。其中一条传送 30 种双频信号，另一条传送 26 种信号音。这两条上行信道把上述的 56 种数字信号，经过复用器、初级 T、S 级，最后存储在次级 T 的话音存储器中。当需要某种信号时，可直接从次级 T 读出，送到相应的用户电路或中继电路。上述连接路由如图 2-22 所示。在数字交换网络里，预先指定好一些内部时隙，固定作为信号音储存到次级 T 话音存储器的通道，这种连接方法称为“链路半永久性”连接法。

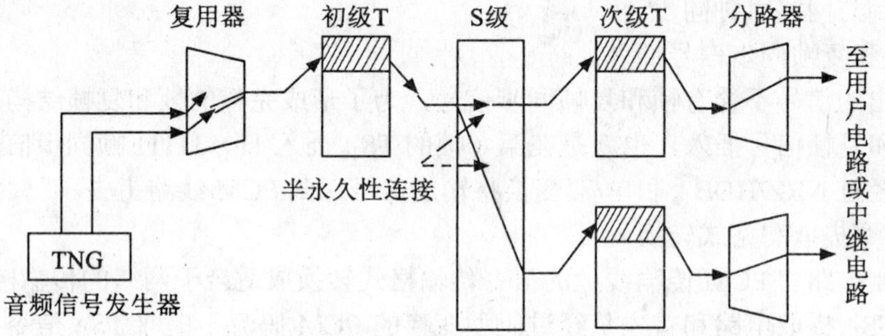

图 2-22　音频信号半永久性连接示意图

在信号音采用“链路半永久”连接时，不管有无用户听信号的要求，在数字交换的次级 T 话音存储器中，总是有数字信号音存在着。一旦有某用户需要听某种信号音时，只要将这个信号音的 PCM 数码在该用户所在的时隙读出即可。

一个 TST 模块内可以多个用户同时听一种信号音，因为次级 T 的话音存储器是随机存储器，读出时并不破坏其所存在的内容，故可多次读出。由此可见，在一个特定话路上的信号音能够同时送往许多用户，克服了模拟交换机中音频信号发生器有一个最大负荷限制的缺陷。

（3）数字音频信号的接收。

各种信号音是由用户话机接收的，因此在用户电路中进行译码以后就变成了模拟信号自动接收。

数字信号接收器用于接收 MF 或多音频（DTMF）信号，尽管模拟信号的选频技术已非常成熟，但在数字程控交换系统中，多用数字滤波器和数字逻辑电路来实现。这是因为在数字程控号或来自用户话机的 DTMF 信号，自数字（模拟）中继接口或用户电路送入，经交换网络到信号接收器的输入端。在这里 MF 信号或 DTMF 信号都是以数字编码形式出现的，所以信号接收的滤波和识别功能都是由数字滤波器和数字逻辑电路构成的。图 2-23 为接收器的结构框图。

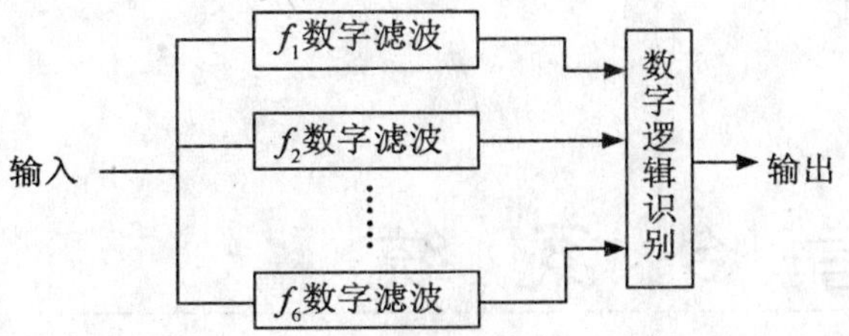

图 2-23 数字信号接收器

小 结

电路变换技术的发展是与电话交换机的发展过程相一致的。电话交换技术由工作交换台发展到自动交换设备，由机电制发展到电子制，由直接控制发展到间接控制。在控制方式实现上有布线逻辑控制和存储程序控制，从传输信号上又分为模拟交换和数字交换。总之，从电路交换技术的发展过程可以得出，程控数字电话交换在交换电话业务上具有明显的优越性。

从电话通信过程的要求考虑，电话交换系统必须具有连接、信令、接口和控制功能。连接功能由交换网络实现，构成一条通话的通路。信令是在呼叫建立过程中必须发送的信令信号，以便实现监视与控制。控制功能在程控交换机中是采用存储程序控制来实现的，它不仅具有处理机硬件设备还必须配有程序控制软件系统，是交换机中的核心部分。处理机有集中控制和分布控制两种基本配置方式，前者又分为负荷和主备用方式，后者又分为单级多机系统、多级处理系统和全分布控制系统。

为了在数字交换网络中进行交换，就必须在进入交换网之前进行某些变换，接口电路的任务就是将接入数字交换系统的各种各样的信号(包括信令信号和各种控制接续的信令信号)变为符合数字交换网要求的形式，而数字交换网络输出时的数字信号，也需要变为符合各线路要求的信号形式。上述的变换任务由各种接口电路（或称接口设备，终端设备）来实现。

接口电路的种类很多，但符合CCITT接口电路的有模拟用户接口（或称Z接口)、数字用户接口（又称V接口)、模拟中继接口（又称为C接口）和数字中继接口（又称为A接口，B接口)。

习 题

1.简述空分交换、时分交换、模拟交换、数字交换、布控交换和程控交换的基本概念。

2.对交换系统在呼叫处理方面应有哪些基本要求？

3.程控数字交换机基本结构包含哪几部分？简述它们的作用。

4.简述程控交换机控制设备处理机的两种配置方式及其特点。

5.CCITT在电路交换系统中规定了哪几类接口？各类接口的作用分别是什么？

6.模拟用户接口电路有哪些功能？

7.数字用户接口连接的用户传输线是否一定要四线传输？若采用二级传输则需要解决哪些问题？

8.模拟中继接口与模拟用户接口有什么区别？能完成哪些功能？

第3章 信令系统

在通信网内各个通信终端之间，交换系统之间以及交换系统和通信终端之间需要通过传输系统传递一些控制命令，这些控制命令构成了通信网的信令系统。No.7 信令是一种国际通用的、标准的公共信道信令系统，它与以往任何一种电话网方式最大的不同之处就在于它采用了分层的功能机构与消息通信机制。这种特点使其成为最适于现代数字通信网的信令系统。No.7 信令在我国固定通信网和移动通信网中得到了越来越多的关注和应用。目前，No.7 信令方式已经成为我国通信网主要采用的信令方式。本章将简略探讨 No.7 信令方式的定义、分类。

3.1 信令的概念与分类

3.1.1 信令的定义与分类

信令是指通信系统中传输的控制指令。在通信网中，为了实现通信，各通信终端之间，各交换系统之间以及通信终端和交换系统之间就必须转递一些控制指令用来协调网中各部分的运作，这些控制指令的集合就是我们所说的通信网的信令系统。

信令按照不同的分类标准可分为不同类型的信令。按其功能分类可分为线路信令，路由信令和管理信令。按其工作区域可分为用户线信令和局间信令。按信令传送通道和用户信息传送通道的关系分类可分为随路信令与共路信令。

信令按其功能可划分为线路信令，路由信令和管理信令。线路信令具有监视功能，它用来监视通信终端的忙闲状态，例如：电话机的摘机、挂机信令。路由信令具有选择功能，它用来选择接续方向，例如：电话通信中主叫所拨出的被叫号码。管理信令具有操作功能，它用于通信网络的管理和维护之中。例如：检测和传送网络拥塞信息，提供远程维护信令，提供呼叫计费信息等。

信令按其工作区域不同可划分为用户线信令和局间信令。用户线信令是通信终端和网络节点之间的信令，也被称为用户-网络接口（UNI）信令。此处的网络节点包括交换系统、各种服务中心、网管中心、计费中心、数据库等。因通信终端数量通常远远超过网络节点的数量，出于经济上的考虑，用户线信令一般设计得较为简单，通常包括以下几种信令：

（1）请求信令。它由通信终端发出，使该终端由空闲状态转变为工作状态，并且“激活”网络节点为它提供规定的服务。例如：电话机的“摘机”信令。

（2）地址信令。该信令即为路由信令。

（3）释放信令。它由通信终端发出，使该终端由工作状态转变为空闲状态，并且释放其所占用的网络节点控制设备和传输设备。例如：电话通信中的“挂机”信令。

（4）来话提示信令。它由网络节点发出，提示外来呼叫的到达，请求通信终端由空闲状态转变为工作状态。例如：电话通信中的被叫提示信令——“振铃”信令。

（5）应答信令。它由通信终端发出，作为对来话提示信令的响应，同时使该终端转入工作状态。例如：电话通信中的被叫“摘机”信令。

（6）进程提示信令。网络节点在呼叫的各个阶段向通信终端发送相应的信令，使通信终端了解呼叫处理的进展情况。例如：电话通信中的拨号音、回铃音、忙音等。

用户线信令分为模拟和数字两种形式。在模拟用户线上传送的叫模拟用户线信令，在数字用户线上传送的叫数字用户线信令。数字用户线信令目前主要有窄带 ISDN（综合业务数字网）中的 DSS1 信令和宽带 ISDN 中的 DSS2 信令。它是一种简化后的共路信令，能传送比模拟用户线信令更多的信息，例如提供补充业务信令、呼叫进展信令、呼叫挂起和恢复信令、用户端到端信令、主叫号码信令等。

局间信令是存在于网络节点之间的信令。它在局间中继线上传送，又被称为网络接口（NNI）信令。局间信令的复杂程度一般远远高于用户线信令，因为它除了满足呼叫处理和通信接续的需要外，还要能够提供各种交换系统、网管中心、计费中心、服务中心、数据库等之间的与呼叫无关信令的传输。

信令按照信令传输通道与用户信息传输通道的关系，可划分为随路信令和共路信令。

在随路信令系统中，两端网络节点的信令设备之间没有直接相连的信令通道，信令是通过话路传送的。当有呼叫到来时，先在预先选择的空闲话路上传递信令，接续建立成功后，再在该话路传送用户的话音。因此随路信令是信令通道和用户信息通道合并在一起或有固定的一一对应关系的信令方式，适合在模拟通信系统中使用。此处的具有固定的一一对应关系的随路信令是指 No.1 信令中的数字型线路信令。

在共路信令系统中，与随路信令系统相比，两端网络节点的信令设备之间有一条直接相连的信令通道，信令的传送是与用户话路信息传送分开的、无关的。因此，共路信令也称为公共信道信令，它指以时分方式在一条高速数据链路上传送一群话路的信令。共路信令的优点很多，如信令传送速度快、具有提高大量信令的潜力、具有增加或改变信令的灵活性、利于新型业务的开设、在通话的同时可以随意处理信令、成本造价低等。因此共路信令被越来越多地使用到通信网之中。

3.1.2 信令方式

信令的传递必须遵守一定的规定，这就是信令方式。信令方式包括信令的结构形式，传送方式和控制方式。在不同的路由上，选择合适的信令方式，关系到一个通信网整体的质量好坏，性能稳定度和投资成本的高低。

信令的结构形式分为未编码和已编码两种。

未编码的信令可以按照脉冲幅度不同、脉冲持续时间不同、脉冲在时间轴上的位置、脉冲频率不同以及脉冲数量不同来划分。未编码信令的特点是信息量小、传输速度慢、设备复杂度高。

已编码信令可分为模拟已编码信令、数字型线路信令和信令单元（SU）三种。

模拟已编码信令主要是指多频制信令。其中，六中取二就是一种典型的多频信令。它设置了六个频率，每次取出两个频率同时发出，表示一种信令，共可表示 15 种信令。多频编码的特点是编码较多，传输速度较快，可靠性高并具有自检能力。例如 No.1 记发器信令就使用了这种六中取二的多频信令。

数字型线路信令是使用四位二进制编码用来表示线路状态的信令。当局间传输使用数字

PCM 时，在随路信令系统中应该使用数字型线路信令。

在 No.7 信令中，使用的是经二进制编码的若干个八位位组构成的信令单元（SU）来表示各种不同的信令。这种方式传输速度快，容量大，可靠性高。

信令在多段路由上的传送方式分为三种：端到端方式、逐段转发方式和混合方式。

在端到端方式中，以电话通信为例，当发端局的收码器收到用户发来的全部号码后，由发端发码器发送转接局所需要的长途区号，并将电话接续到第一转接局；第一转接局根据收到的长途区号将电话接续到第二转接局；再由发端发码器向第二转接局发送该长途区号，找到收端局，将电话接续到收端局；此时由发端向收端端到端地发送用户号码，进而建立发端到收端的接续。端到端方式的特点是速度快、拨号后等待时间短、信令在多段路由上的类型必须相同。

在逐段转发方式中，依旧以电话通信为例，信令逐段进行接收和转发，全部被叫号码由每一转接局全部接收后再逐段转发出去。逐段转发的特点是对线路要求低，信令在多段路由上可以不同的类型出现，不拘泥于同一种类型进而增加了灵活性，信令传送速度慢，接续时间长。

在混合方式中，即是将端到端方式和逐段转发方式结合起来使用。在实际应用中，常常采取这种方式。例如：No.1 记发器信令可根据线路质量调整其传送方式，在劣质电路中使用逐段转发方式，降低了对电路质量的要求；在优质电路中使用端到端方式，尽量有效利用电路的高质量。No.7 信令通常是使用逐段转发方式，但其也支持端到端方式的信令。

信令的控制方式是指控制信令发送过程的方法。它分为三种：非互控方式、半互控方式和全互控方式。

非互控方式，又称为脉冲方式。它是指发端不断地将需要发送的脉冲信令发向收端，而不管收端是否收到。这种方式的设备简单，但是可靠性差。

半互控方式是指发端向收端每发一个或一组脉冲信令后，必须等待收端发回接收正常的确认信令后，才能继续发送下一个信令。由发端传送向收端的信令叫前向信令，由收端传送向发端的信令叫后向信令。半互控方式就是前向信令受到后向信令的控制。

全互控方式是指发端连续发送前向信令且不能自动中断，要等收到收端发送的确认信令后，才停止发送该前向信令；收端连续发送的确认信令也不能自动中断，必须在发端信令停发后，才能停发该确认信令。因前向信令、后向信令均是连续的，故又名为连续互控。这种传送方式的抗干扰能力强，可靠性高，但是设备复杂，传输速度慢。在 No.1 记发器信令中使用的就是全互控方式，用以保证其可靠性，但是牺牲了它的传输速度。No.7 信令使用的是非互控方式，速度很快，且同时采用了其他的一些措施来保证其可靠性。

3.2 No.1 信令和 No.7 信令

通信网中采用的信令方式和通信网中的交换传输技术息息相关。在应用模拟交换和模拟传输的通信网中，因自身接续速度和传输速度慢，控制简单，故对信令的速度和容量要求不高，随路信令足以满足使用要求。例如 No.1 信令在我国通信网处于模拟网和模拟网数字网混合时期被长期使用。

No.1 信令是我国通信网中使用的随路信令系统，它使用了数字型线路信令和多频互控（MFC）记发器信令。No.1 信令的数字型线路信令是基于 30/32 路 PCM 的，在 30/32 路 PCM

帧结构中，一个复帧由16个子帧组成，每个子帧有32个时隙，每个时隙包含8位二进制码字。No.1记发器信令使用的多频信令是六中取二的多频信令，所使用的六个频率为1380Hz～1980Hz，频差为120Hz。在传送方式上，No.1信令可根据线路质量，在劣质电路中使用逐段转发方式，在优质电路中使用端到端方式。

随着现代通信技术的发展和普及，用户量的急剧增长，新型业务的诞生，随路信令渐渐暴露其自身的缺点。例如:信令传输速度慢，信令容量有限，无法传递管理信令，配置成本较高，等等。在这种情况下，公共信道信令（CCS），即在一条与话路分开的独立高速数据链路专门负责传送群话路的信令便产生了。

国际标准中的第一个公共信道信令系统是CCITT于20世纪60年代提出的No.6信令系统。它主要应用于模拟网中，速率为2.4Kb/s。目前使用的标准化公共信道信令系统仅为一种，即No.7信令系统。

No.7 信令系统与以往任何一种信令方式的最大区别就在于它采用了分层结构和消息通信机制，最适用于现代数字通信网中。我国在20世纪80年代就已开始了No.7信令系统的试用。1985年北京、天津和广州首先在同一制式的交换机间采用了No.7信令。1993年开始组建No.7信令网。目前，我国的三级No.7信令网已初步建立并广泛应用于ISDN网，电话网（PSTN），智能网（IN）和GSM网中。

《中国国内电话网No.7信号方式技术规范》（暂行规定GF001-9001）于1990年8月由原邮电部发布，该规范是在1986年邮电部发布的《我国国内市话网No.7信号方式技术规范》（暂行规定）等的基础上，根据ITU-T于1988年11月发布的《七号信令系统技术规程》（蓝皮书）的建议和结合我国电话网的具体情况制订的。该技术规范主要包括MTP、TUP和信令网的监测部分，它以下面的ITU-T建议为依据。

（1）CCITT No.7信令方式简述：Q.700建议。

（2）消息传递部分（MTP）：Q.701~Q.707建议。

（3）电话用户部分（TUP）：Q.721~Q.725 建议。

（4）No.7信令网监视和测量：Q.791 建议。

该技术规范的TUP部分在尽量向ITU-T靠拢的原则下，根据我国电话网的实际要求做了一些适当的修改，例如：增加了我国电话网专用的信令消息：SLB、STB、OPR、MPM等；对信令点编码做了策略性修改，即由14位改为24位全国统一编码。

我国于1993年12月发布了《No.7信令网技术体制》（暂行规定），1994年5月发布了《中国国内电话网No.7信令方式测试规范和验收方法》（暂行规定）。

3.3 No.7信令的分层结构

3.3.1 No.7信令功能结构

No.7 信令系统由消息传递部分（MTP）和不同的用户部分（UP）组成，用户组成部分包括数据用户部分（DUP），ISDN用户部分（ISUP），电话用户部分（TUP）等。No.7信令系统采用No.7信令功能分级和OSI分层模式的混合结构，如图3-1所示。

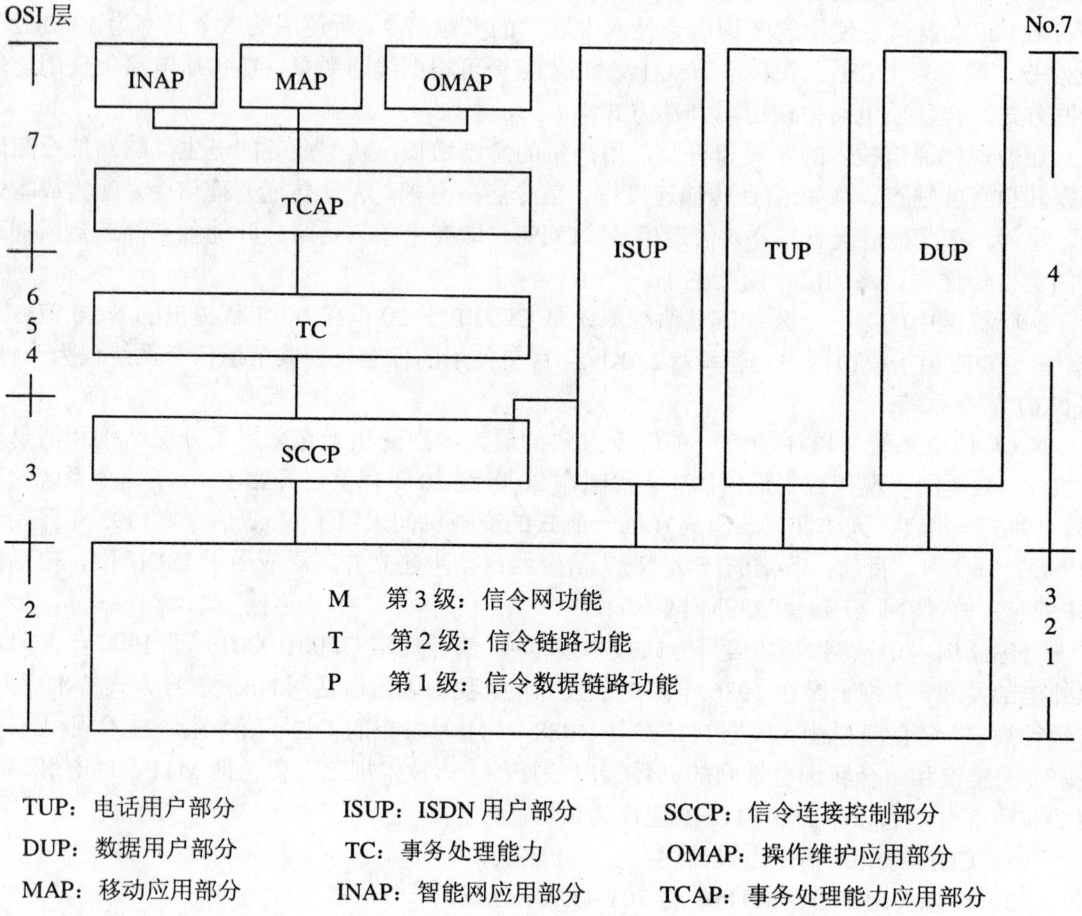

图 3-1　No.7 信令分层结构与 OSI 分层结构

No.7 信令系统中有三种信号单元：消息信号单元（MSU）、链路状态信号单元（LSSU）和填充信号单元（FISU）。三种信号单元格式如图 3-2 所示。

信号单元中各个字段的含义为：

（1）标志码（F）。其码型为 01111110,它是信号单元的定界标志，标志着信号单元的开始和结束。因此，位于两个 F 之间的就是一个完整的 No.7 信令消息。

（2）BSN,BIB,FSN,FIB。信号单元序号和重发指示位，用于 MTP 第二级的差错控制。

（3）长度指示码（LI）。根据 LI 的取值可划分出三种不同的信号单元：LI＝0 为 FISU，LI＝1 或 2 为 LSSU，LI＞2 为 MSU。

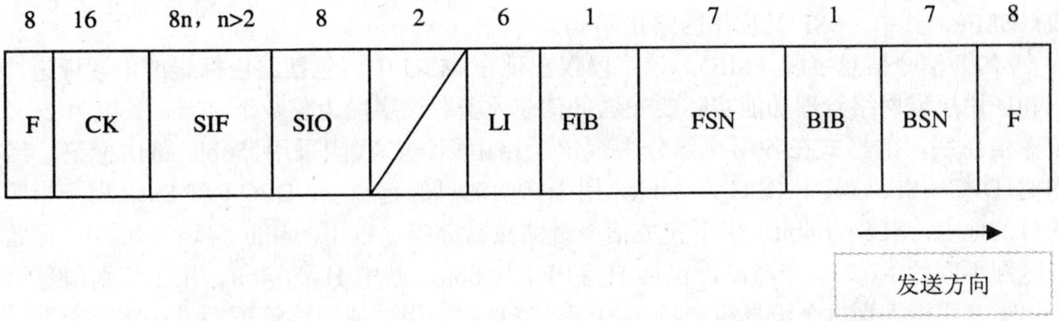

（a）消息信令单元（MSU）

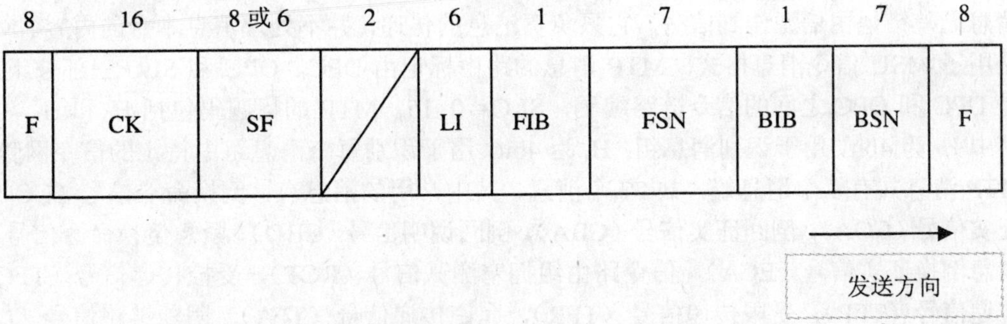

（b）链路状态信令单元（LSSU）

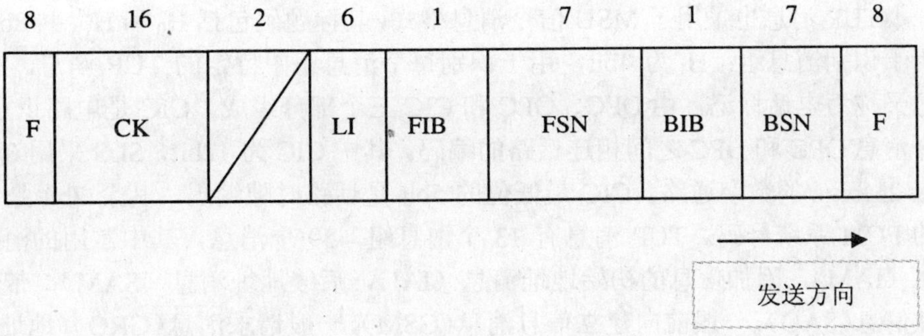

（c）填充信令单元（FISU）

图3-2 No.7信令系统的三种信号单元格式

（4）校验码（CK）。每一个信令单元有16bit的校验码，采用了16位循环冗余码，用以检测循环单元在传递过程中可能产生的差错。

（5）状态字段（SF）。状态字段仅用在LSSU中，用于指示信令链路的状态，包括链路失去定位、正常定位、紧急定位、处理机故障、业务中断和忙碌指示等，由MTP第二级生成和处理。

（6）业务信息8位位组（SIO）。该位组仅用于MSU中，用于指示消息的业务类别和信令网类型，MTP 第三级据此分配消息。业务信息 8 位位组包括业务指示码（SI）和子业务字段（SSF），其中，SSF 又称作网络指示码。

（7）信令信息字段（SIF）。该字段仅出现在 MSU 中，包括路由标记或电话标记、标题码和应用层或网络管理功能实际要发送的信息本身。该字段为整数个字节，长度为 2～272b。信令信息字段的格式在各用户部分中规定。路由标记，我国采用 56bit 路由标记，结构为 DPC+OPC＋SLS，其中 OPC 为 24bit，用于指明消息的起源点；DPC 为 24bit，用于指明消息的目的地点；SLS 为 4bit，用于完成信令链路负荷分担；备用的 4bit 编码为 0000。标题码用于区别不同的 No.7 信令消息，包括 H_0 和 H_1,共 8bit，其中 H_0 为 4bit，用于识别消息组；H_1 为 4bit，用于识别每个消息组中特定的信令消息。应用层或网络管理功能是实际要发送的消息本身，是真正要传送的可变长消息，为 n×8bit（n≥2）。由于 LI 字段仅被分配了 6bit，因此规定凡是 SIF＋SIO 的长度等于或大于 63b，LI 的值均置为 63。

MTP 作为一个消息传递系统，为用户部分提供信令消息的可靠传送。可靠传送即是确保消息无差错地由信源传到信宿，它只负责消息的传递，并不处理消息本身的内容。MTP 消息采用了 MSU 信令消息格式。MTP 消息的路由标记由 DPC、OPC 和 SLC 三部分组成，SLC 是 DPC 和 OPC 之间的信令链路编码，SLC＝0~15。MTP 的标题码包括 H_0 和 H_1，共 8bit，其中 H_0 为 4bit，用于识别消息组；H_1 为 4bit，用于识别每个消息组中特定的信令网管理消息。MTP 消息共有 9 个消息组，共 27 个消息，其中常用的消息有：倒换命令信号（COO），倒换证实信号（COA），倒回证实信号（CBA），倒回说明信号（CBD），紧急倒换命令信号（ECO），紧急倒换证实信号（ECA），信令路由组拥塞测试信号（RCT），受控传递信号（TFC），禁止传递信号（TFP），受限传递信号（TFR），允许传递信号（TFA），阻断链路信号（LIN），解除阻断链路信号（LUN），阻断链路证实信号（LIA），解除阻断链路证实信号（LUA），强制解除阻断链路证实信号（LFU）等。

TUP 消息也采用了 MSU 信令消息格式，其标题码包括 H_0 和 H_1，共 8bit，其中 H_0 为 4bit，用于识别消息组；H_1 为 4bit，用于识别每个消息组中特定的 TUP 消息。TUP 消息的路由标记又称为电话标记，由 DPC、OPC 和 CIC 三个部分组成。CIC 是电路识别码，表示 No.7 信令消息 OPC 和 DPC 之间相连话路的编码。其中 CIC 为 12bit，SLS 采用 CIC 的最低 4bit。对应 2Mbit/s 的数字通路，CIC 最低位的 5bit 是话路时隙编码，其余 7bit 是 OPC 和 DPC 之间的 PCM 系统号码。TUP 消息有 13 个消息组，59 个消息，其中常用的消息有：初始地址消息（IAM），附加信息的初始地址消息（IAI），后续地址消息（SAM），带一个信号的后续地址信息（SAO），一般前向建立信息消息（GSM），一般请求消息（GRQ），地址收全消息（ACM），交换设备拥塞信号（SEC），电路群拥塞信号（CGC），地址不全信号（ADI），呼叫故障信号（CFL），用户忙信号（SSB），空号（UNN），线路不工作信号（LOS），发送专用信息音信号（SST），应答信号、计费（ANC），应答信号、不计费（ANN），挂机信号（CBK），拆线信号（CLF），主叫用户挂机信号（CCL），释放监护信号（RLG），闭塞信号（BLO），闭塞证实信号（BLA），解除闭塞信号（UBL），解除闭塞证实信号（UBA），计次脉冲消息（MPM），用户市话忙信号（SLB），用户长话忙信号（STB）等。

TUP 信令完成呼叫接续的基本流程包括市话呼叫信令流程和长话呼叫信令流程。

TUP 信令市话呼叫一般采用成组发码方式，即初始地址消息为 IAM 包括全部被叫号码。

（1）呼叫市话用户信令流程。市话用户之间的呼叫是主叫控制复原方式，当主叫用户先挂机时，通话电路会立即释放，总共双向传送 5 个 TUP 消息；当被叫用户先挂机时，通话电路不会立即释放，超过再应答时延（通常为 90s）后，通话电路才会释放复原，总共双向传送 6 个 TUP 消息。故而说一次成功的 TUP 信令市话呼叫平均需要双向传送 5.5 个 TUP 消息。

（2）呼叫特服信令流程。呼叫如 119、110、120 为被叫控制复原方式，当主叫用户挂机时，应发送 CCL 消息，此消息仅仅表示主叫挂机，并不拆除通话电路。主叫局必须等到被叫用户挂机的 CBK 消息到来后，才发送 CLF 消息，通话电路才会释放复原。

（3）追查恶意呼叫信令流程。恶意呼叫追查是一项新的电话业务，此项功能对于采用随路信令的呼叫很难实现，而对于 TUP 信令电话呼叫可以利用 GRG、GSM 消息实现。被叫局收到 IAM 消息，分析查找用户数据发现该用户登记了追查恶意呼叫功能时，就通过 GRQ 消息获得主叫号码，在双方通话阶段，被叫用户只要按照规定按下“R”键，交换机就会输出恶意呼叫追查的报告，通过查找显示或打印的报告可以获得主叫号码。值得注意的是发送 GRQ 后收不到 GSM，将导致前方交换局因为收不到 ACM 而使本次呼叫失败。

（4）不成功呼叫信令流程。TUP 信令电话呼叫不成功的原因很多，主要有以下几个信令消息：SLB 表示用户市话忙；STB 表示用户长话忙；LOS 表示线路不工作；UNN 表示是空号；CGC 表示电路群拥塞；SEC 表示交换设备拥塞；SST 表示发送专用信息音。

长话呼叫信令流程中，为了加快长话呼叫的接续速度，TUP 信令长话呼叫一般采用重叠发码方式，即初始地址消息为 IAI 只包括被叫号码的最少有效位即长途区号，并不包括全部被叫号码，剩余的号码由 SAO/SAM 发送。

在一个 TUP 信令长话呼叫从主叫局到被叫局的全部信令过程中，从发端市话局到发端长话局这段，初始地址消息为 IAI，其余各段为 IAM，也可以只包括多位号码 SAM，具体由局数据决定，并可以通过人机命令修改。

计次脉冲信号（MPM）是长话局向发端市话局发送的后向信号，当发端长话局收到的 IAI 主叫类别为用户计费表类别并且收到 ANC 信号后，应立即发送该消息，之后再周期性发送。被叫挂机应不停止发送此消息。只有收到拆线信号时，才停发，对于其他主叫类别，不发送该消息。

上述 TUP 部分是专门针对电话业务的，ISUP 为支持 ISDN 中语音和非语音用途的基本承载业务和补充业务提供所需的信令功能。ISUP 适合使用在数模混合网、电话网和电路交换的数据网中。ISUP 和 TUP 在 No.7 信令系统中是平行的用户部分，ISUP 在 TUP 的基础之上，增加了非语音承载业务和补充业务的控制协议。ISUP 也是利用 MTP 提供的服务在交换局之间传递信息，支持 ISUP 和 TUP 的 MTP 部分完全相同，故而无须另外创建。

ISUP 消息格式采用 MSU 信令消息格式，其中 SIO 中的 SI：DCBA＝0101。与 TUP 消息相同，消息也是在 SIF 字段中传送，但 ISUP 消息的 SIF 与 TUP 不同，是作为 8 位位组的堆栈形式出现的，包括公共部分和专用部分。其中消息类型编码、路由标记、电路识别码为公共部分；每种消息的专用部分由若干个参数组成，每个参数有一个名字，按单个 8 位位组编码。参数的长度可以是固定的，也可以是可变的。路由标记由 DPC，OPC 和 SLS 三部分组成。

ISUP 消息的主要特点是信号种类齐全，携带信息量非常丰富，不仅可传送与呼叫和接续有关的信令消息，而且能够任选参数，支持基本业务和补充业务。ITU-T 建议 Q.762 定义了 42 个 ISUP 信令消息。大多数 ISUP 消息与 TUP 消息相同，但是 ISUP 也有一些特有的信令消息，例如呼叫进展消息（CPG）、接续（连续）消息（CON）、呼叫挂起/恢复消息（SUS/RES）

等。其中接续消息（CON）等效于 ACM 和 ANM 的复合消息。有些 ISUP 消息的功能可以覆盖多个 TUP 消息，例如释放消息（REL）可以取代 15 个 TUP 消息（SLB、STB、UNN、SEC、CGC、ADI、LOS、SST 等），其原因是因为 ISUP 消息结构具有可变长度必备参数和任意参数，信息容量大。

ISUP 信令流程与 TUP 信令流程类似，但是初始地址消息只有 IAM，没有 IAI，且在 IAM 消息中含有主叫用户号码。

（1）ISUP 信令基本呼叫流程。ISDN 的用户线信令采用 1 号数字用户信令（DSS1），ISDN 的局间信令可以采用 ISUP 信令。下面介绍 ISDN 电路交换呼叫建立的一般信令过程。

呼叫开始时，首先由主叫用户发送建立（SETUP）消息，发端交换机收到此消息后立即向主叫方回送呼叫进行（CALL PROC）消息，经分析判断是出局呼叫，随即将被叫号码和有关信息组装成 IAM 消息发往下一个交换局，终端交换机收到 IAM 消息后，向被叫用户送 SETUP 消息，当终端交换机收到被叫用户的 ALERT 消息后，向转接局送 ACM 消息，表明地址信息接收完毕，这个 ACM 消息被逐段转发至发端交换机，发端交换机向主叫用户发送 ALERT 消息，当被叫用户送来 CONN 消息后，终端交换机又向前送出 ANM 消息，发端交换机向主叫用户发送 CONN 消息，至此主叫到被叫的通路已经建立完毕，进入双方通话。

ISUP 信令呼叫采用互不控制通话复原方式，任意一方发出释放（REL）消息，话路立即拆除。收到对方发来的释放完成（RLC）消息以后，接续电路即可释放而被用于其他呼叫之中。可以看出 ISUP 的整个释放过程是非常迅速的。

（2）ISUP 信令不成功呼叫流程。在 ISUP 信令不成功呼叫建立过程之中，后方交换机只需简单地发送 REL 消息即可终止呼叫，在 REL 消息中的“原因值”字段指明不成功的原因，已规定的原因多达 6 大类 39 种，主要原因有：未分配的号码、无用户应答、用户忙、号码变更、地址不完全、交换设备拥塞等。

信令连接控制部分（SCCP）位于 MTP 之上，为 MTP 提供附加功能，以便通过 No.7 信令网在交换局与交换局之间、交换局与业务中心之间传递电路相关和非电路相关的信令信息和其他类型的信息，建立无连接和面向连接的业务。

在电话交换网中，所有的信令消息都和呼叫电路有关，MTP 和 TUP 组成的信令系统能够有效地处理、传送这些呼叫控制和接续控制信令消息，是数字电话网理想的信令系统。但随着通信业务的不断发展和更新，需要传送与呼叫连接电路无关，甚至是与呼叫无关的通信业务，不能用 MTP 来传送，因为 MTP 有以下一些局限性：MTP 主要负责传送呼叫相关信息；MTP 只能通过 OPC/DPC 和 SI 来选择路由并确定终端用户；MTP 只能实现无连接传输，只能传送实时的短消息。引入 SCCP 的基本思想是和 MTP 部分结合，共同完成网络层的功能，从而弥补 MTP 的局限性。SCCP 提供的增强功能有：SCCP 能够传递与呼叫控制无关的信息。例如：移动通信中 MS-MSC、VLR-HLR 之间的信息传输、智能网中 SSP-SCP 之间的信令消息、ISDN 补充业务的端到端信令、网管中心之间的信息传输。SCCP 具有增强的寻址功能，增加了全局码（GT）、子系统号（SSN）寻址。SCCP 可根据 DPC-SSN 寻址，也可根据 GT 寻址。SCCP 除了无连接服务功能以外，还能够提供面向连接的服务功能。

SCCP 消息与 ISUP 消息一样采用 MSU 信令消息格式，即封装在 MSU 中往外发送。其中 SIO 中的 SI：DCBA＝0011。SCCP 消息在 SIF 字段中也为八位位组的堆栈形式，其中路由标记由 DPC、OPC 和 SLS 三部分组成。

SCCP 可向用户提供的业务类别分为无连接业务和面向连接业务。具体分为 Class 0～

Class 4。

在无连接业务中，SCCP 将网络业务数据放在单元数据消息（UDT）中传送，无须事先建立信令连接。每个 UDT 的传递是相互独立的，SCCP 要对每个 UDT 消息进行路由选择，并发送到目的地；在面向连接业务中，在传递数据之前，SCCP 必须首先在收发数据的两端建立一条虚拟连接，然后通过这条虚拟连接，传递 SCCP 用户发送的数据，数据传递完毕，再释放这条虚拟连接。

（1）类别 0（Class 0）:基本无连接类业务。每个消息带有地址和路由信息，在传递过程中，可随即插入 SLS 码或根据负荷分担延长插入 SLS 码，因此不保证消息以正确的顺序到达目的地。

（2）类别 1（Class 1）:有序无连接类业务。与 Class 0 不同，SCCP 负责进行顺序控制，控制的方法是将一个消息序列中的消息加上序号并赋予相同的 SLS 码，即选择同一条路由来传送，一次用户传送的数据将按顺序到达目的地。

（3）类别 2（Class 2）:基本面向连接类业务。通过建立信令连接，保证在 OPC 的 SCCP 用户与 DPC 的 SCCP 用户之间双向传递数据。属于某信令连接的消息包含相同的 SLS 值，以保证消息按顺序传送，但不能提供流量控制。

（4）类别 3（Class 3）:流量控制面向连接类业务。这类业务在 Class 2 的基础之上增加了流量控制和差错检测功能。

其中，UDT、XUDT 和 UDTS、XUDTS 是无连接业务消息，UDT 和 XUDT 用于传送无连接业务的数据。当 UDT 和 XUDT 由于某种原因不能到达目的地时，就要向起源点发送 UDTS 和 XUDTS，用以指明原因。

3.3.2 No.7 信令四个功能级

消息传递部分依据具体功能不同又可分为三级:信令数据链路级，信令链路控制级和信令网功能级。此三级连同用户部分一起构成了 No.7 信令的四级结构，如图 3-3 所示。

第一级信令数据链路级为信令传输提供了一条双向数据通道。它定义了数据链路的物理、电气和功能特性，确定了与数据链路的连接方法。No.7 信令的基本速率是 64Kb/s，可使用 PCM 系统中除 CH0 以外任何一条信道作为信令数据链路。

我国目前定义的信令数据链路有三种:

（1）4.8Kb/s 信令数据链路，采用模拟信道，经 MODERM 与信令终端直接相连。

（2）64Kb/s 信令数据链路，采用数字信道，通过数字交换网络的半永久通路与信令终端连接。

（3）2Mb/s 信令数据链路，又称 No.7 信令数据链路，采用数字通道，合并 CH1-CH31，通过数字交换网络与信令终端连接。

第二级信令链路控制级规定了在信令数据链路上传送信令消息的功能和程序，保证信令消息比特流在相邻两个信令点之间点到点的可靠传送。它包括信号单元分界，定位，检错，纠错和流量控制等。

第三级信令网功能级包括信令消息处理和信令网管理两个部分。它负责在消息的实际传递中将信令消息传至适当的信令链路或用户部分。当网络出现故障或拥塞时，完成信令网的重新组合，以保证信令消息的可靠传输。

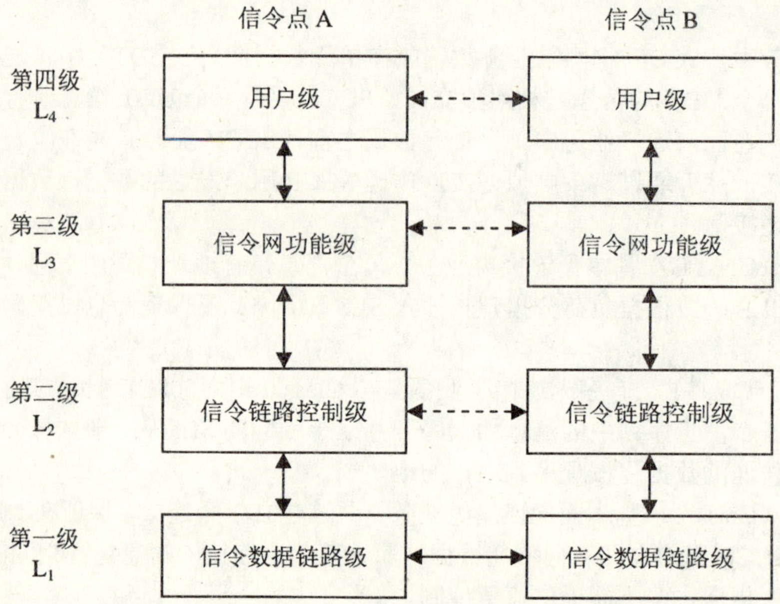

图 3-3　No.7 信令系统的四级结构

信令消息处理部分负责信令消息的接收分配和选路发送。它由消息分配，消息鉴别和消息选路三个部分组成。

信令网管理包括信令链路管理，信令业务管理和信令路由三个部分。其主要功能是在信令网发生异常情况时，调整消息路由和信令网设备配置，以保证消息仍能可靠传送。这是 No.7 信令最复杂的部分，直接影响到信令系统的稳定性和可靠性。

3.3.3 No.7 信令四级结构和 OSI 七层结构的比较

No.7 信令规范最初是基于电路交换的电话接续控制基础之上的，因此四级结构是 No.7 信令功能结构中最基本的一种。但是以 MTP 控制信令消息传递的四级结构也有其局限性:例如 MTP 的用户最多仅为 16 个，MTP 不能跨网直接寻址，MTP 只能以逐段转发形式传递信令，不能提供端到端的信令传递，MTP 不能传递与电路无关的信令，即不支持逻辑接续。

OSI 参考模型，即开放系统互连模型是国际标准化组织 ISO 提出的用于数据通信的模型，任意两个用户只要都符合 OSI 模型，就可以实现互相通信。OSI 七层结构是:第一层物理层、第二层数据链路层、第三层网络层、第四层传送层、第五层会话层、第六层表示层、第七层应用层。该七层结构是在 No.7 信令四级结构的基础之上添加了以下几层协议:

（1）信令连接控制部分（SCCP）。该模块位于 OSI 模型的第三层网络层，但属于 No.7 信令四级功能级中的第四级用户部分。SCCP 增强了 MTP 的功能，实现了信令点之间消息的传递，满足了面向连接和无连接端到端信息传递的要求。通常把 MTP 和 SCCP 合称为网络服务部分 NSP。

（2）事务处理能力部分（TC）及其应用部分（TCAP）。该模块为各种应用业务信令过程提供基础服务和节点间传递消息的方式。

（3）具体业务有关各个应用部分。例如智能网应用部分（INAP）、移动通信应用部分（MAP）、运行维护管理应用部分（OMAP）。

3.4 交换信令网的组成结构

3.4.1 No.7 信令网的概念

No.7 信令网是一个专用于传送 No.7 信令消息的数据网，是具有多种功能的业务支撑网。它由信令点（SP）、信令转接点（STP）和连接它们的信令链路组成。信令点（SP）是 No.7 信令消息的起源点和目的地点。信令转接点（STP）不是信令消息的起源点和目的地点，而只是完成信令消息转发功能的节点。信令链路是连接各个信令点，传送信令消息的物理链路，它由信令数据链路和信令终端两部分组成。

3.4.2 我国 No.7 信令网络结构

我国 PSTN、ISDN 的 No.7 信令网采用三级等级结构，其原因是考虑到我国 No.7 信令网要容纳的信令点数量，可转接最大信令链路数量及信令网的冗余度。三级结构的第一级为高级信令转接点（HSTP），是信令网的最高级。第二级是低级信令转接点（LSTP）。第三级是信令点（SP），信令点由各种交换中心和特种服务中心组成。

HSTP 负责转接它所汇接的第二级 LSTP 和第三级的 SP 的信令消息，LSTP 负责转接它所汇接的第三级 SP 的信令消息，SP 是信令网中传送各种 No.7 信令信息的起源点或目的地点。我国现有的 No.7 信令网等级结构如图 3-4 所示。

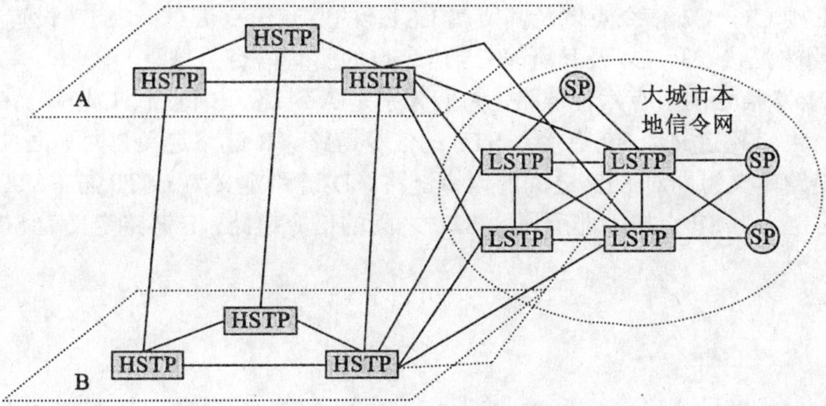

图 3-4 我国 No.7 信令网结构图

如图 3-4 中，HSTP 对应主信号区，每个主信号区设置一对 HSTP，以负荷分担方式工作，HSTP 采用独立型 STP。LSTP 对应分信号区，每个分信号区设置一对 LSTP，也使用负荷分担方式工作，LSTP 可采用独立型 STP，也可采用综合型 STP，即 STPSP。

为保证 No.7 信令网的高度可靠，在我国的三级信令网中，HSTP 间采用 A，B 平面网，LSTP 采用分区固定连接方式。第一级 HSTP 采用的 A，B 平面连接方式是网状连接的简化形式，A，B 平面内部各个 HSTP 之间为网状连接，A，B 平面间成对的 HSTP 相连。第二级 LSTP 到 HSTP 采用固定汇接连接方式，即每个 LSTP 分别连接到分布在 A，B 平面内成对的 HSTP。第三级 SP 的连接根据具体情况可以采用固定或自由连接方式至少连接到两个 STP（HSTP 或 LSTP）上。大、中城市的本地 No.7 信令网理论上说应采用二级信令网，它相当于三级信令网中的第二级 LSTP 和第三级 SP。

在信令网中，信令路由选择的原则是非常重要的。信令路由是一个信令点到达消息目的地所经过各个信令点预先确定的信令消息路径。信令路由分正常路由和迂回路由两类。正常路由是为发生故障的正常情况下信令业务流的路由。迂回路由是当信令链路或信令路由发生故障时，造成正常路由不能传送信令业务流时选择的路由，迂回路由都是经过 STP 转接的准直联方式的路由。迂回路由可以是一个，也可以是多个路由。信令路由选择的一般原则是：首先选择正常路由，当正常路由不能使用时，再选择迂回路由；其次选择迂回路由时，首先选择优先级最高的第一迂回路由，当第一迂回路由因发生故障而不能使用时，再选择第二迂回路由，依此类推；第三当采用负荷分担的正常路由或迂回路由中的一个路由发生故障时，应将信令业务倒换到其他信令路由上，当采用负荷分担信令链路组中的一个信令链路组发生故障时，应将信令业务倒换到其他信令链路组上。

信令点编码（SPC）根据信令的起源点和目的地点分类为源信令点编码（OPC）和目的地信令点编码（DPC）。ITU-T 统一规定国际网中的信令点编码采用 14 位。我国国内信令网采用的是 24 位全国统一编码，其格式由主信令区编码、分信令区编码、信令点编码三部分构成。主信令区编码以省、自治区、直辖市为单位编排；分信令区编码以各省、自治区的地区、地级市为单位编排；国内信令网的每个信令点都配以 1 个信令点编码。

No.7 信令网和电话网是两个各自独立的系统，但是它们之间又存在着紧密的联系，我国原有的电话网分为 5 级，即由长途汇接局 C1、C2、C3、C4 和本地网端局 C5 构成，现有的电话网分为 3 级。根据主信号区和分信号区的划分标准，HSTP 设置在 C1、C2，现合并为 DC1，用来汇接 C1、C2 信令点以及其所属 LSTP 的所有信令信息；LSTP 设置在 C3，现合并为 DC2，用来汇接 C3、C4 及其所属 C5 信令点的所有信令信息。

我国的 No.7 信令网中有六种链路，它们分别是 A 链路、B 链路、C 链路、D 链路、E 链路和 F 链路。A 链路定义为 SP 点接入 STP 的信令链路。B 链路定义为同平面 STP 之间的信令链路。C 链路定义为同对 STP 之间的信令链路。D 链路定义为 LSTP 与 HSTP 之间的信令链路。E 链路定义为 SP 点接入非所属区 STP 之间的信令链路。F 链路定义为 SP 点之间的直联信令链路。

小　结

本章重点介绍了信令的概念、分类，信令方式以及当前使用广泛的 No.7 信令系统。

信令的定义是在通信网中传送除通信时用户信息以外的各种控制命令，此处用户信息包括语音信息和非语音业务信息。信令按照信令传送的通道与用户信息传送的通道间关系的不同可划分为随路信令与共路信令；按照信令功能的不同可划分为线路信令、路由信令和管理信令；按照信令工作区域的不同可划分为用户线信令与局间信令。

信令方式是传送信令时必须遵守的规定。它包括信令的结构形式，信令在各段路由上的传送方式和控制方式。本章主要介绍了我国曾经使用过的 No.1 信令和国际通用的 No.7 信令。信令的传送方式分为端到端、逐段转发和混合方式；信令的控制方式包括非互控方式、半互控方式和全互控方式。

No.7 信令因其具有速度快、容量大的优点而称为最适用于数字通信网的共路信令，被广泛地应用于 ISDN 网、GSM 网、IN 网和 PSTN 网中。

No.7 信令在公用交换电话网（PSTN）、电路交换的数据网和窄带 ISDN 网（N－ISDN）中使用只包含消息传递部分（MTP）和用户部分（TUP、DUP 和 ISUP）的 No.7 信令的四级功能结构；在智能网（IN）、网络管理和 GSM 网中采用了包括信令连接控制部分（SCCP）和事务处理能力部分（TC）两个模块的四级结构与 OSI 七层协议并存的功能结构；在宽带 ISDN 网（B－ISDN）中使用了 ATM 中的 No.7 信令系统结构。

No.7 信令采用信令单元（SU）来传递具体的信令信息。其基本信令单元包括：消息信令单元（MSU），链路状态信令单元（LSSU）和插入信令单元（FISU）。消息信令单元用于传送来自用户级的信令消息；链路状态信令单元用于链路初始启用或链路故障时表示链路的状态；插入信令单元用来在链路空或者链路拥塞时添补位置。

习　题

1.试画出随路信令系统与共路信令系统的示意图。

提示:系统各部分组成为——交换网络 A、交换网络 B、话路、公共控制设备、信令设备、数据链路（依据情况决定添加与否）。

2.与随路信令相比，共路信令的优点有哪些?

3.试解释为什么 No.7 信令是最适于在数字通信网中使用的共路信令技术。

4.试简述 No.7 信令系统的四个功能级。

第4章 分组交换与分组交换网

4.1 分组交换技术的产生

4.1.1 数据通信系统的构成

在现代通信中，数据通信已经成为非常重要的信息交流手段。依据现代通信的理念，凡是在终端以编码方式表示信息、在信道中以脉冲形式传送信息的通信都叫做数据通信。随着计算机越来越深入到人类生活的每个层面，人们对数据的理解也更加广泛。语音、文字、图像，等等，只要它们能通过编码的方法形成各种代码的组合，存储在计算机内，并可以被计算机进行处理和加工，都统称为数据。

数据是含有某种意义的数字信号的集合，如符号、数字和字母，等等。这些符号、数字和字母在被传输时，用离散的数字信号逐一准确地表达出来，例如，使用不同极性的电压、电流或脉冲来表示。将这样的数据信号加到信道之中进行传输，到达目的地之后再恢复出原始发送的数据信息。

众所周知，计算机的输入和输出均是数据信号，因此数据通信是计算机和通信相结合的产物。数据通信可定义为“用通信线路包括通信设备将远距离的数据终端设备与主计算机连接起来进行信息处理的过程”，即使用通信线路将远地的数据终端设备与计算机连接起来，从而达到可以跨越远距离障碍直接使用计算机，以实现硬件、软件和信息资源共享的目的。

现在举一个实际中的数据通信系统例子，主计算机和各个用户终端均与具有交换功能的通信网络相连接，各个用户终端通过交换网共享主计算机的资源，主计算机和各用户终端也共享交换网的资源，从网络的角度观察，主计算机与用户终端具有相同的地位。此系统中的交换网由交换机和把它们连接成网络的通信线路构成。实际中，数据通信系统有各种各样的连接方法，但任何一个数据通信系统都可归纳为由数据终端设备（DTE）、数据电路和计算机系统构成。数据终端设备依据数据通信业务内容的不同有多种类型的终端设备，可分为分组型终端（PT）和非分组型终端（NPT）两类。分组型终端是指能够执行 X.25 通信协议的终端，例如：计算机、智能用户电报终端（Teletex）、数字传真机、可视图文接入设备（VAP）、局部地区网（LAN）和各种专用终端。非分组型终端指所有执行非 X.25 通信协议的终端和无规程终端的统称。非分组型终端是无法直接进入分组交换网的，必须在分组型终端和分组交换网之间加入分组装拆设备（PAD）。数据电路由传输信道和数据电路终接设备（DCE）组成。如果传输信道属于模拟信道，DCE 的功能就是把 DTE 传送来的数据信号变换为模拟信号再送入信道；反之，把信道送来的模拟信号变换成为数据信号再送到 DTE。如果信道本身即是数字的，则 DCE 的作用是实现信号码型与电平的变换，信道特性的均衡、定时供给等。

传输信道除了有模拟和数字的区分外，还有专用线路和交换网线路之分。数据交换是实现通信网络资源共享的关键。在交换网线路上进行通信，每次通信开始之前首先要通过呼叫过程来建立连接，通信结束后再拆除连接，这和打电话的情况类似。若是专线连接则过程比较简单，采用固定连接方法，无须上述呼叫建立和拆线等过程。

数据通信与普通话音通信的区别就在于，在数据通信的过程之中必须按照一定的规程进行控制，以便双方可靠地工作，例如通信线路的连接，收发双方同步工作方式的选择，差错的检测、纠正和控制、数据流的控制，等等。所有这些过程需要按照双方事先约定的传输控制规程来完成。当数据链路建立以后，由于它具有相当严格的传输控制规程随赋予的差错检测与纠正，因而提供的数据传输质量要比一般传输电路的质量高得多，误码率可由 1×10^{-5} 提高到 1×10^{-10} 左右。

4.1.2　分组交换技术的产生

在 4.1.1 节我们提到，数据通信和电话通信之间存在着许多不同点，我们可以利用电话通信网来传输数据，但是我们不能根据数据通信的发展要求去改造现存的电话交换网。因此研究适合于数据通信的交换方式就显得迫在眉睫了。从数据交换发展的历史来看，它经历了电路交换、报文交换和分组交换三个发展阶段。现在比较一下它们各自的优缺点。

电路交换的接续时间偏长，平均在 15s 左右，信息传输时延短，偏差也小，通常在 ms 级，数据传输可靠性一般，当业务过载时，反应为拒绝接收呼叫，具有信号传输的透明性，不支持异种终端间的相互通信，电路利用率低，通常情况下交换机使用及维护费用较低，支持实时会话业务。

报文交换的接续时间较短，只需拨通交换机即可开始发送报文，信息传输时延长且偏差很大，标准为 1min，数据传输可靠性较高，因其信息存储在交换机内，当业务过载时，传输时延明显增大，不具有信号传输的透明性，支持异种终端间的相互通信，电路利用率高，交换机使用及维护费用较高，不支持实时会话业务。

分组交换的接续时间较短，虚电路连接的建立一般小于 1s，信息传输时延短但偏差较大，一般低于 200ms，数据传输可靠性较前两者都高，当出现业务过载时，反应是减小用户输入的信息流量即流量控制，延时增大，不具有信号传输的透明性，支持异种终端间的相互通信，电路利用率高，交换机的使用和维护费用较高，轻负载情况下支持实时会话业务。

通过对电路交换、报文交换和分组交换的比较，可得出分组交换技术是数据交换方式中一种比较理想的方式。

4.2　分组交换原理

由 4.1 节，我们了解到分组交换具有接续时间较短，信息传输时延短，数据传输可靠性高，可建立异种终端之间的相互通信，电路利用率高等优点。与电路交换和报文交换相比，分组交换是数据交换方式中较为理想的方式，它采用“存储-转发”的方式把报文分成若干比较短的，规格化了的“分组”进行交换或传输，以下是对分组交换原理的讲解。

如图 4-1 所示为分组交换的工作原理。图中四个终端 B，C 和 A，D 分别为分组终端和非分组终端。分组终端是指终端可以将数据信息分成若干分组，并能执行分组通信协议，可以直接和分组网络连接进行通信，图中 B 和 C 是分组终端。非分组终端是指没有能力将数据信息分组的终端，为了能够允许这些终端利用分组交换网络进行通信，通常在分组交换机中设置分组装拆（PAD）模块完成用户报文信息和分组之间的转换，图中A，D是非分组终端。图中存在两个通信过程分别是终端A和终端C，以及终端B和终端D之间的通信。非分组终端A发出带有接收终端C地址标号的报文，分组交换机甲将此报文分为两个分组，存入存储器并进行路由选择，决定将分组1直接传送给分组交换机乙，将分组2通过分组交换机丙传送给分组交换机乙，路由选择完毕，同时相应路由有空闲，分组交换机将两个分组从存储器中取出送往相应的路由。在其他相应的交换机中也进行同样的操作。如果接收终端接收到的分组是经由不同路径传输过来的，分组之间的顺序势必被打乱，接收终端必须有能力将接收的分组重新排序，然后再传递给相应的处理器。另外一个通信过程是在分组终端B和非分组终端D之间进行的。分组传输经过相同的路由，在接收端通过装拆设备将分组组装成报文传输给非分组终端。

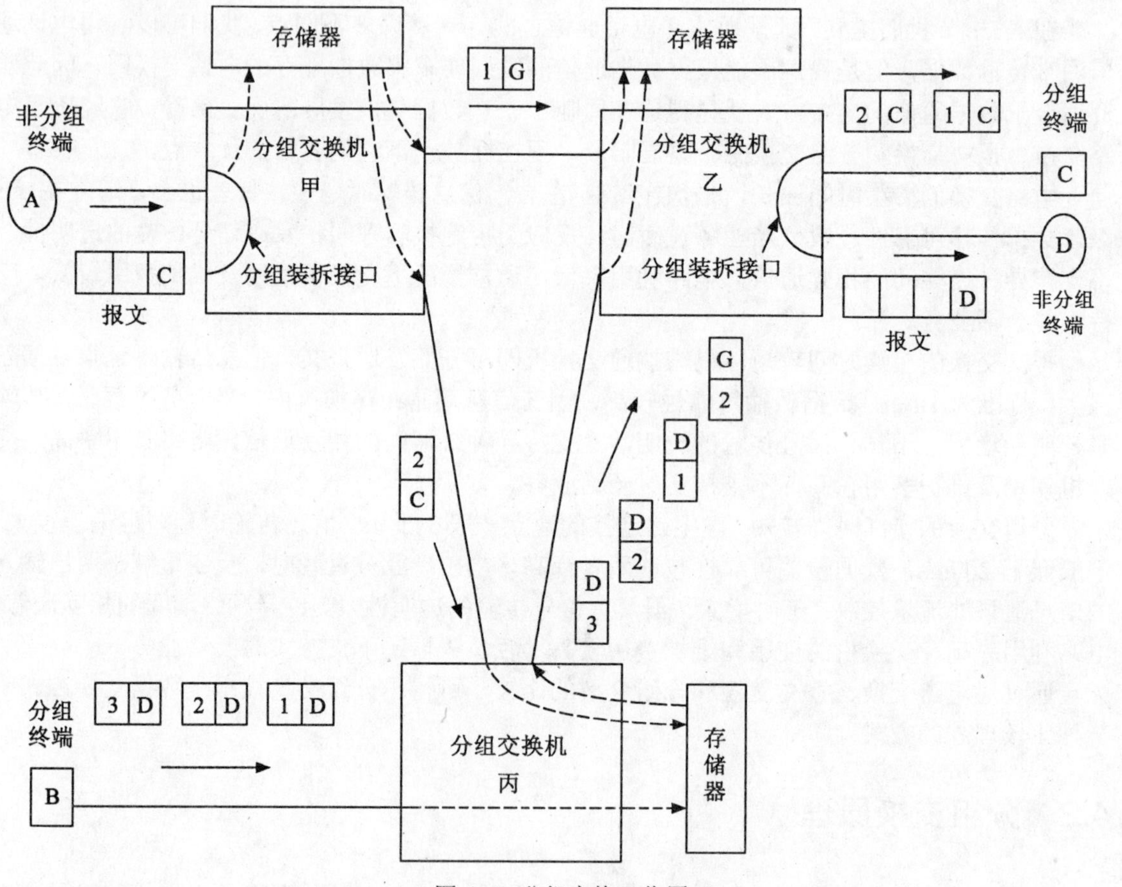

图4-1 分组交换工作原理

图中终端A和终端C之间的通信采用的是数据报方式，这里分组头部装载有关目的地地址的完整信息，以便分组交换机寻径。这种方法在用户之间的通信不需要经历呼叫建立和呼叫清除阶段，对短报文传输效率较高，这一特点类似数据的报文交换方式。

图中终端B和终端D之间的通信使用的是虚电路方式，两个用户端设备在开始互相传送数据之前必须通过网络建立逻辑上的连接，每个分组头部指明的只为虚电路标示号，而不必直接是目的地地址的信息，数据分组按已经建立的路径顺序通过网络，在网络终点不需要对数据重新排序，分组传输时延小，但是虚电路分组交换方式中电路的建立是在逻辑之上的，只是为收发终端之间建立逻辑通道，具体而言，在分组交换机中设置相应的路由对照表，指明分组传输的路径，并没有像电路交换中确定具体电路，当发送端有数据传送，只要输出线上有空闲，数据就沿着该路径传输到下一个交换节点，否则就在交换机中等待。虚电路方式的特点包括：数据分组中不需要包含终点的地址，对于数据量较大的通信传输效率高，一次通信具有呼叫建立、数据传输和呼叫释放三个阶段。虚电路分组交换网络中通信过程类似电路交换过程。

4.3 分组交换帧结构

在分组交换方式中，分组是交换和传送处理的对象，因此，按分组格式收发信息的分组式终端是分组交换网中的基本终端。由于每个分组都带有地址信息和控制信息，所以分组可以在网内独立地传输，并且在网内可以以分组为单位进行流量控制、差错控制和路由选择等通信处理。按照传统电文格式收发数据的普通终端或称非分组终端不能直接接收分组，它可通过分组网中配置的具有分组拆装设备 PAD 与网络连接。分组拆装设备的功能是将用户通信电文分成分组 1、2 和 3。每个分组长度通常为 128 个八位分组（OCTET 或称作字节），也可根据通信线路的质量选用 32、64、256 或 1024 个八位组。为了可靠传输分组数据块，在每个块上加上高级数据链路控制（HDLC）的规程标识、字头、帧校验序列以帧的形式在信道上传输，图 4-2 所示为分组的组合和分解。

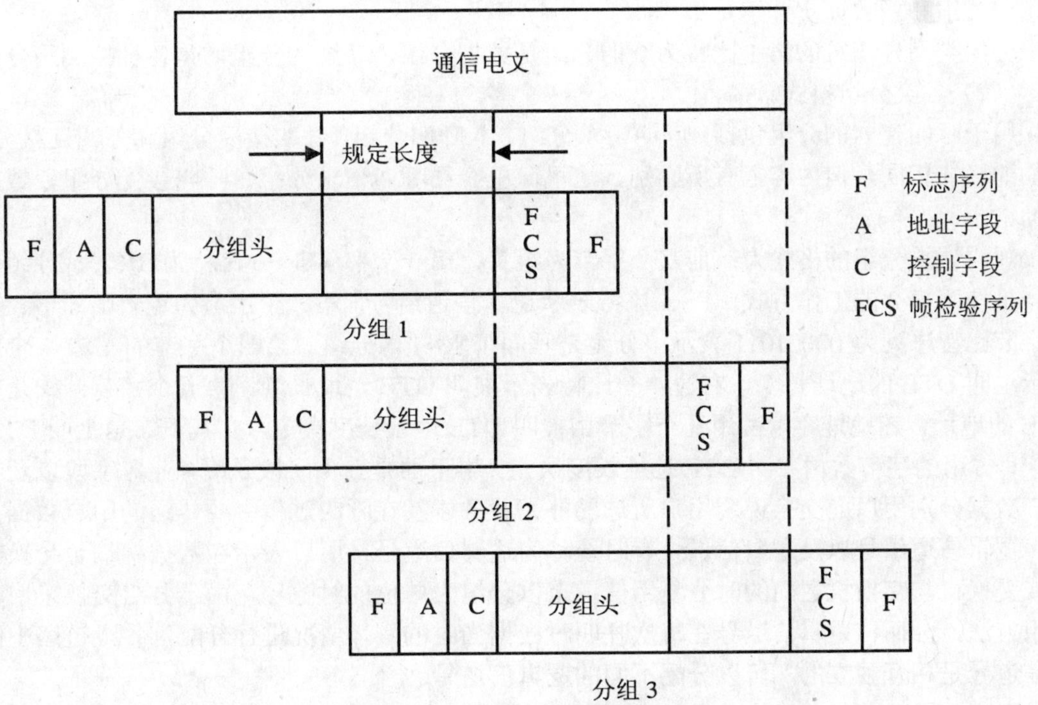

图 4-2 分组的组合与分解

（1）分组头格式。

为了区分分组的类型，每个分组均有一个分组头，它由 3 个字节构成。分组头可分为三个部分：通用格式识别符、逻辑信道组号和逻辑信道号、分组类型识别符。

通用格式识别符由分组头第 1 个字节的 8～5 位组成。其中，第 8 比特（Q 比特）称为限定符比特，用来区分传输的分组是用户数据还是控制信息，Q 比特是任选的，若不需要，则 Q 比特置为 0。第 7 比特（D 比特）为传送确认比特，D=0 表示数据组由本地确认即 DTE-DCE 之间确认，D=1 表示数据分组进行端到端即 DTE-DTE 的确认。第 6、第 5 比特（SS 比特）为模式比特，SS=01 表示分组的顺序编号按模 8 方式工作，SS=10 表示按照模 128 方式工作。

逻辑信道组号和逻辑信道号共有 12 比特，用来表示在 DTE 和交换机之间的时分复用信道上以分组为单位时隙号，在理论上可以同时支持 4096 个呼叫，实际中可支持的逻辑信道数量取决于接口的传输速率、与应用有关的信息流大小和时间分布。逻辑信道号在分组头的第 2 字节中，当编号大于 256 时，用逻辑信道组号进行扩充，扩充后的编号数目可以达到 4096。

分组类型标识符为 8 比特，区分各种不同的分组，总共分为 4 类：

①呼叫建立分组用于在任意两个 DTE 之间建立交换虚电路。这种类型分组包括：呼叫请求分组、入呼叫分组、呼叫接受分组和呼叫连接分组。

②数据传输分组用于两个 DTE 之间实现数据传输。这种类型分组包括：在线登记分组、数据分组、流量控制分组和中断分组。

③恢复分组实现分组层的差错恢复。该类型分组包括：诊断分组、复位分组和再启动分组。

④呼叫释放分组用在任意两个 DTE 之间断开虚电路。该类分组包括：释放请求分组、释放指示分组和释放证实分组。

分组类型标识符的第 1 比特为 0 的分组是数据分组，其余的分组均是各种控制用分组。

（2）各类分组格式。

用于呼叫建立的分组包括：呼叫请求分组、入呼叫分组、呼叫接受分组和呼叫连接分组。它们的格式相同，但内容上有所区别，这里简单介绍呼叫请求分组、呼叫接受分组、数据分组的格式。

呼叫请求分组的格式为：前三个字节为组头，第一个字节 5～6 比特为 01,表示分组的顺序号是按照模 8 的工作方式，1～4 比特表示逻辑信道组号；第二个字节为逻辑信道号；第三个字节比特序列为 00001011,表示该分组是呼叫请求/呼入分组。第四个字节的左边 4 个比特表示主叫 DTE 的地址长度，右边 4 个比特表示被叫 DTE 地址长度。第五个字节开始是被叫 DTE 的地址，该地址容量占用几个字节由被叫 DTE 地址长度决定，在其下面是主叫 DTE 地址，其占用的字节数由主叫 DTE 地址长度决定，再下面是业务字段长度，业务字段以及呼叫用户数据分别用以向交换说明用户所选的补充业务以及在呼叫过程中要传送的用户数据。

逻辑信道组号以及逻辑信道号有时统称为逻辑信道号，用以表示在数据终端至交换机之间或交换机与交换机之间的时分复用信道上以分组为单位的时隙号，由于分组交换采用动态复用方法，因而该逻辑信道号在每次呼叫时根据当时的具体情况进行分配，各段链路中的逻辑信道号是相互独立的，可以分配不同的逻辑信道号。

在呼叫接受分组的格式中，由于发送呼叫接受分组时，发送端至接收端的路由已经确定，所有呼叫接受分组只有逻辑信道号，而没有主叫和被叫 DTE 的地址，这是与呼叫请求分组格式的重要区别所在。

在数据传送阶段传送的是数据分组。其格式中只有逻辑信道号而无主叫与被叫终端地址号。由于终端地址号至少要用8个十进制数表示，若每个十进制数用四位二进制数表示，则被叫地址就需要占用32比特，现在每一数据分组只用12比特的逻辑号来表示其去向，便可大大减少数据分组的开销，显著提高传输效率。

数据分组格式大致有按模8和模128编号的两种格式。两种数据分组格式所包含内容基本相同，仅在分组编号的长度上有所不同，模8格式中，编号长度为3比特；模128格式中，编号长度为7比特。

数据分组头第三个字节为分组类型识别符，其中第1比特为0是数据分组的惟一标识，M称为后续比特，当M=0时表示该分组是一份用户报文的最后一个分组；当M=1时表示该数据分组之后还有属于同一份报文的分组。

4.4 分组交换网组成结构

4.4.1 分组交换中的各种技术

（1）分组。

在分组交换中涉及的第一个技术概念即是分组。分组交换技术采用存储转发技术，将用户报文分为一定长度的分组，分组交换网首先将分组存储在节点机或设备的存储器中，再根据当时网络的状况，选择最佳路由，将该分组送至目的地点。

（2）统计时分复用技术。

第二种在分组交换中涉及的技术是统计时分复用（STDM）技术。当用户有数据传输时才给其分配资源的方法，称为动态分配或按需分配资源法。它能克服预分配资源方式的缺点，当用户暂停发送数据时，也暂时不给其分配线路资源，线路的传输能力可用于为其他用户传输更多的数据。这种根据用户实际需要分配线路资源的方法称为统计时分复用（STDM），简称统计复用。这时，每个用户的数据传输速度可高于平均速率，最高可达线路的传输能力。与预分配复用相比，统计时分复用在各个终端与线路的接口处要增加两个功能:一个是缓冲存储，另一个是信息流控制。这两个功能用于解决各个用户争用线路资源时产生的冲突。计算机的存储和处理能力可提供这两个功能。

（3）交织传输技术。

交织传输技术的定义是在统计时分复用下,各个用户的数据在通信线路上相互交织传输，没有固定的时隙，因此不能再用时分复用中预先分配的时隙来区分它们。为了识别来自不同终端的用户数据分组，在把它们交织在一起发送到线路上之前给它们加上与终端有关的“标记”，通常是在用户数据前加上终端号或逻辑信道号，这样在接收端就可以通过识别用户数据分组的“标记”把它们区分开来。故而在统计时分复用中是按照分组头的标记来识别信号的。

（4）逻辑信道。

第四种涉及的技术概念是逻辑信道。在统计时分复用的方式下，虽没有给各个终端分配物理上的固定子信道，但是通过对数据分组加“标记”或编号，仍可以严格区分线路中的各个终端数据，就仿佛把线路也分为了许多子信道一样，每个子信道用相应的号码表示，这种信道称为逻辑信道。在某终端要求通信时，统计时分复用设备就分配给它一个逻辑信道号，对同一个终端，每次呼叫可以分配不同的逻辑信道号，且在同一次呼叫连接中，来自某一个终端的数据逻辑信道号码是一致的。

（5）虚电路。

第五种技术概念为虚电路。接入分组交换网的两个数据终端使用虚电路进行通信。虚电路是两个数据终端之间的端到端的联系，它只有在虚呼叫建立后才存在。虚呼叫不是需要真正建立一条固定的物理电路，而是在终端到交换机的用户线上以及交换机到交换机的高速线路上，根据报文的需要，占用多个时隙以及交换机内的相应缓冲存储空间，这就是所谓的虚电路。虚电路的特点有：一次通信具有呼叫建立、数据传输和呼叫释放三个阶段。数据分组中不需要包含终点地址，对于数据量较大的通信传输效率高；数据分组按照建立的路径顺序通过网路，在网路终点不需要对数据重新排序。

虚电路和逻辑信道的主要区别在于：

虚电路是主叫DTE到被叫DTE之间建立的虚连接；而逻辑信道是在DTE与交换机接口或网内中继线上可以分配的、代表了信道的一种编号资源，一条虚电路是由每个逻辑信道号连接而成的。每条线路的逻辑信道号的分配是独立进行的。

一条虚电路具有呼叫建立、数据传输和呼叫释放过程。永久虚电路可以在预约时由网路建立，也可以通过预约予以清除；而逻辑信道是一种客观存在，它有占用和空闲的区别，但不会消失。逻辑信道一般定义了一些状态，它们是："准备好"状态：在逻辑信道上没有呼叫存在，逻辑信道号未分配。"呼叫建立"状态：正处于呼叫建立过程中，逻辑信道号已分配。"数据传输"状态：可以通过逻辑信道发送和接收数据。"呼叫释放"状态：呼叫正处在断开的过程中，所有网络资源被释放，逻辑信道返回到"准备好"状态。

（6）路由选择。

在组织任何通信网络时，为了网络的可靠性以及适应网内业务量的变化，两个主要交换机之间一般都安排有多条路由。因此路由选择问题是指交换机使用硬件、软件或编码方法，选择传输延迟时间最短的路径将数据分组传送到目的地的过程。路由选择可以使业务量尽可能在网内分散，提高网络处理能力，并尽可能为每个分组提供最高的保密性和可靠性。获得较好路由的方法称为路由算法。所谓较好的路由算法应该使报文通过网络的平均延迟时间较短，平衡网内业务量的能力较强。这即是表明路由选择问题不只是考虑走最短的路由，还要考虑通信资源的综合利用以及网路结构变化的适应能力，从而使全网的通过量最大。实际之中，路由选择方式由网络结构、业务流向和节点机处理能力决定，一般采用静态的固定路由算法和动态的自适应路由算法两种方式。对于小规模的专用分组交换网采用固定路由算法，对于大规模的公用分组交换网大多采用简单的自适应路由算法，同时仍保留固定路由算法作为备用。

固定路由算法是根据网路结构、传输线路的速率、途经交换机的个数等，预先算出某一个交换机到各个交换机的路由表，说明该交换机到各个目的交换机路由选择的第一选择、第二选择以及第三选择等，然后将该表装入交换机的主存储器中。只要网路结构不发生变化，此表就不作任何修改。有时，为了平衡源交换机与目的交换机之间多条路由的负载，可给多种路由选择分配一定的负载比例。

自适应路由算法中的自适应是指路由选择过程之中所用的路由表要考虑网内当前业务量的实际情况——线路通畅的情况,并对网路结构发生变化时及时更新，以便在新的情况之下仍能及时获得较好的路由。为了实现自适应，必须及时测量网内业务量、交换机处理能力和线路通畅情况等，并把测量的结果及时通知给各个交换机，以便各交换机计算出新的路由表。

自适应路由算法有许多种，按照工作方法来分，可分为分布式、集中式和二者的混合式。由一个网路管理中心（NMC）定时收集全网实时情况，按照一定的算法分别计算出当时各个交换机的路由表，并通过网路分别传送通知到各个交换机，采用这种路由选择方法的，称为集中式自适应路由算法。美国 TYMNET 分组网就是采用这种方法。每个交换机定时把自身的处理能力和与其相连的线路通畅等情况向全国或相邻交换机报告，各交换机根据其他交换机送来的情况，按照一定的算法定时计算出本交换机的路由表，这种方法称为分布式自适应路由算法。以上两种路由算法各有优缺点，集中式算法传送路由信息的开销少，实现起来也较为简单，但功能过于集中，所以可靠性较差；分布式算法与此相反，传送路由信息的开销大，实现较为复杂，但因为功能分散，故而可靠性较好。为了综合二者的优点，混合式自适应路由算法便应运而生了，它既有集中控制部分，又有分布控制部分。在具体实施以上算法时，有种种不同的方案，除此之外，每隔多长时间测量与通知并更新路由表是自适应路由算法的重要参数。时间相隔太长便不能反映网路当前的情况，时间间隔太短则路由选择所花费的开销太大且较复杂。根据网路规模的不同，一般是几分钟至十几分钟更新一次路由表。由此可见，路由算法和网路结构有很密切的关系，路由算法的复杂程度视网路规模及网路结构的形式而异。显然，要使路由选择获得理想的结果，首先必须具备合理的网路结构。一个设计不合理的网路结构，很难通过路由选择来改善其性能。

（7）流量控制。

流量控制技术在分组交换网中是必须具备的。由于分组交换机的缓冲存储器处理能力是动态分配的，通信线路的资源也是动态复用的,且各设备的缓冲区容量有限，当某一时刻某一局部区域的待通信业务量过大时,就会超出交换机与通信线路的承受能力，而导致部分分组的丢失，丢失的分组需要重传,更加重了网路的负担,最终会致使全网通过量急剧下降。因而从网路的角度也要对各虚电路的流量与链路的流量进行控制，从而使全网的分组流量在设计范围内避免出现拥塞现象的出现。由于收发信终端的处理速度可能存在差异，为了实现双方不同速率数据终端之间的互通，要控制速率较高的终端进入分组网的流量，即控制进入虚电路的分组数，进而对二者进行速率匹配。由于可能出现多个终端同时与一个终端通信，为降低分组丢失率，减轻网络负载，需要对网络业务流量进行控制，防止网络拥塞现象出现。流量控制包括端-端控制方式与网-端控制方式。目前最常用的是 X.25 协议中规定的窗口控制方式。

流量控制的目的是为了保证网路中的数据流量平滑均匀，提高网路的吞吐能力和可靠性，防止拥塞现象的出现。我们必须对用户终端设备和网路之间的数据传输量加以控制，防止由于数据输入太快而导致网路节点之间产生死锁。网路阻塞控制主要是要限制节点中的分组队列的长度，维持一个网中或网中的一个区域内分组数目低于某一个水平，当超过该水平时分组的排队时延急剧增加，并且使分组的到达率低于分组的传输率，当分组的到达率接近分组的传输率时队列长度也会急剧增加。粗略估算，链路的利用率不得超过 80%。通常可在以下几种级别上进行流量控制：相邻节点之间点到点的流量控制，它可控制某一条链路上的流量；用户终端设备和网路节点之间的点到点流量控制；网路的源节点和终节点之间的端到端流量控制；源用户终端设备和终点用户终端设备之间的端到端流量控制；源计算机进程和终点计算机进程之间的端到端流量控制。

4.4.2 分组交换网的结构

实际的数据通信过程必须完成比特流传送、比特同步、流量控制、差错控制、路由选择、对话过程管理、信息加密等诸多种类的操作。不同的通信过程可以根据具体需要选择其中不同的组合，故而希望由单一通信实体完成所有可能要求的操作是不切实际的，同时也不利于定义具体的操作功能。考虑到可以将端点支持用户通话的一个通信实体变成N个通信实体级联的组合结构，进而将N个级联的通信实体看做是一个通信实体的N个部件，从而得到N层通信实体结构。把一个通信实体分成N层分别描述，就可以得到N层的协议参考模型。每层实体完成特定的功能，上层根据下层提供的功能，进而增加本层相应的功能，然后提交给更上一层，最后得到可靠的通信过程。两个进行通信的通信实体相同层次必须对该层完成的功能达到统一的共识，这就是所谓的同等层之间的协议，任何同等层协议完成都是通过下层提供的逻辑传输功能实现的，而不是直接交互。

分层结构的优点：第一各层之间是相对独立的。一个层次并不需要知道它下面的一层是怎样实现它所提供的服务的，而仅仅需要知道该层通过层间接口所提供的服务。第二灵活性好。当任何一层发生变化时，例如由于技术的革新引发的变动等，只要接口关系保持不变，则在这一层以下各层均不受到影响。另外，某一层提供的服务还可以修改，当某层提供的服务不再需要时，甚至可通过短路该层来取消这一层。第三结构上可分开。各层可选用最合适的技术来实现，不互相限制。第四网络结构清晰，可理解程度高，易于实现和维护。这种结构使得一个庞大复杂的系统实现和调试变得易于处理，因为整个系统已被划分为若干个易于处理的部分了。

国际标准化组织（ISO）根据网络分层的原则提出了计算机互连的七层OSI模型，将通信实体按照其完成功能分为七层：物理层、数据链路层、网络层、传输层、会话层、表示层和应用层。它上以应用进程为界，下以物理媒体为界，应用进程和物理媒体不属于OSI参考模型。通常将第1～第3层功能称为低层功能又称通信传送功能；第4～第7层功能称为高层功能即通信处理功能，通常需要由通信终端来提供。现对此七层进行简略的介绍。

要传递信息所需要利用一些物理媒体，如双绞线、同轴电缆等。但具体的物理媒体并不在OSI的七层之中。有人把物理媒体看做是第0层，因为它的位置处于物理层之下。物理层的任务就是为它的上一层数据链路层提供一个物理连接，以便透明地传送比特流（在物理层上所传送的数据单位是比特）。此处“透明地传送比特流”是指经过实际电路传送后的比特流没有发生变化，因此，对传送比特流来说，这个电路仿佛不存在。也就是说这个电路对比特流来说是透明的。因此，携带任何信息，以任意组合出现的比特流均可以在这个电路上传送。物理层要考虑的不是哪几个比特流代表什么意思，它要考虑的是多大的电压代表“1”或“0”，以及当发送端发出“1”时，接收端如何识别出这是“1”而非“0”。物理层还需要考虑的事情包括确定连接电缆应当有多少根引脚以及各个引脚应如何连接。物理连接并非永远在物理媒体上存在，它依靠物理层来激活、维持和去话。

数据链路层负责在两个相邻节点间的线路上无差错地传送以帧为单位的数据。每帧包括一定数量的数据和一些必要的控制信息。与物理层类似，数据链路层要负责建立、维持和释放数据链路的连接。在传送数据时，若接收节点检测到所传数据中出现差错，则要通知发送方重发该帧，直到该帧正确无误地到达接收节点为止。在每帧包含的控制信息中，有同步信息，地址信息，流量控制信息，等等。这样，数据链路层就将一个可能产生差错的实际链路转变成为一条让网络层向下看起来仿佛是不出差错的链路。

广域计算机网一般划分为通信子网和资源子网，对于一个通信子网而言，最多只有到网络层为止的最低3层，网络层是通信子网的最高层。在计算机网络之中进行通信的两个计算机之间可能要经过许多的节点和链路，也可能还要经过几个通信子网。在网络层数据的传送单位是分组或包。网络层的任务就是要选择合适的路由和交换节点，使发送站的运输层所传下来的分组能够正确无误地按照地址找到目的站，并交付给目的站的传输层，这就是网络层的寻址功能。当一个通信子网中到达同一节点的分组过多时，就会出现彼此争夺网络资源的现象，这就有可能造成网络性能的急剧下降，有时甚至会引发整个网络的瘫痪。防止网络产生拥塞，也是网络层要做的事情。

在传输层信息的传送单位是报文。当报文较长时，先要把它分割成好几个分组，然后再交给下一层网络层进行传输。传输层的任务是弥补具有低三层功能的各种通信网的欠缺和差别，保证数据传输质量满足高三层的要求。根据通信子网的特性，最佳地整合利用网络资源，并以可靠又经济的方式为通信双方端系统的会话层之间，建立一条传输连接，以透明的方式传送报文。换句话说，传输层为上一层会话层提供了一个可靠的端到端的服务。传输层屏蔽了会话层，使得它看不见传输层以下各层的数据通信细节。在通信子网中不存在传输层。传输层只能存在于端系统即主机之中。传输层以上的各层就不再管理信息的传输问题了。正是因为如此，传输层就称为计算机网络体系结构中最为重要和关键的一层。

会话层又名会晤层或对话层。在会话层及其以上的更高层次中，数据传送的单位没有另外再命名，一般都称为报文。会话层虽然不参与具体的数据传输，但它对数据传输进行管理。会话层在两个互相通信的应用进程之间建立、组织和协调其交互过程。例如，确定是双工工作即每一方同时发送和接收还是半双工工作即每一方交替发送和接收。当发生意外事件时，例如已经建立的连接突然中断，要确定重新恢复会话应从何处开始。

表示层主要解决用户信息的语法表示问题。表示层将准备交换的数据从适合于某一用户的抽象语法变化为适合于 OSI 系统内部使用的传送语法。有了这样的表示层，用户就可以把精力集中在他们所要探讨的问题本身，而不必更多地考虑对方的某些特性，例如：对方使用的是何种语言。对传送的信息加密和解密也是表示层的任务。由于数据的安全与保密这一问题比较复杂，在七层中的其他一些层次也与这一问题有关。

应用层是 OSI 参考模型中的最高层。应用层确定进程之间通信的性质以满足用户的需要，并且负责用户信息的语义表示，并在两个通信者之间进行语义匹配。这就是说，应用层不仅要提供应用进程所需的信息交换和远地操作，而且还要作为互相作用应用进程的用户代理来完成一些为进行语义上有意义信息交换所必需的功能。

在实际的网络构建中，从结构角度看，分组交换网通常采用两级，根据业务流量，业务流向和地区情况设立一级和二级交换中心。一级交换中心可采用转接交换机，一般设在大中城市，它们之间相互连接构成的网络通常成为骨干网。由于骨干网的业务量一般较大且各个方向都有业务，所以骨干网采用网状网或不完全网状网的分布式结构。另外通过某一级交换中心可以与其他分组交换网建立互连。二级交换中心可采用本地交换机，一般设在中小城市。由于中小城市之间的业务量较小，而它们与大城市之间的业务量较多，所以从一级交换中心到二级交换中心之间一般采用星型结构，必要时可采用不完全网状结构。

4.4.3 X.25 建议

在分组交换的众多规程中，可分为接口规程和网内规程两种。所谓接口规程是指终端用户和网络之间的通信，而网内规程是指网络内部机构通信处理机之间的通信规程。为了实现各种终端用户和不同的分组交换网之间的自由连接，接口规程必须在全世界的范围内实现统一，为此国际标准化组织（ISO）和国际电报电话咨询委员会（CCITT）制定了一系列标准，本小节主要介绍著名的X.25建议。

X.25建议即“用专用电路连接公用数据网上的分组式数据终端设备（DTE）与数据电路终端设备（DCE）之间的接口”，是分组数据网中最重要的协议之一，有人把分组数据网简称为X.25网。X.25建议是CCITT在1976年10月通过的标准。当时世界上很多国家都在建设自己的公用分组交换数据网，为了便于国际与国内分组网的互通，CCITT制定了X.25建议。由于当时对某些细节考虑不够周全，另外随着新技术、新业务的出现，因此X.25建议至今还在发展之中。

X.25建议规定了DTE与DCE之间的接口。DTE是CCITT对主机、前端处理器、智能终端等用户设备的通畅。DCE在电话网的数据通信系统中是一个信号变换设备，该信号是由DTE发出的，以便形成一个能在线路上传输的信号形式，因此DCE可以是线路耦合器、调制解调器以及其他设备。X.25建议使用的场合，DCE是指DTE所连接的入口或交换节点，因此，如DTE与交换节点之间的传输线路采用模拟线路，那么DCE也把用户连接到远端交换节点的调制解调器在内。X.25包含了三个不同的、独立的层，它们是物理层、数据链路层和分组层。它们规定了DTE与DCE同层之间交换信息的协议，两者之间的接口协议层次关系。

小　结

分组交换技术是数据交换方式中较为理想的方式，它以报文分组为存储转发单元，采用统计复用技术，压缩了存储容量，缩短了网络时延，提高了线路利用率。

在分组交换中，虚电路和逻辑信道是两个完全不同的概念。逻辑信道是作为线路的一种资源，它总是存在的，并分配给终端分组作“标记”。而虚电路是由多个不同链路的逻辑信道连接起来，所以虚电路是连接两个DTE的通路。

路由选择和流量控制是分组交换必需的技术。路由选择是呼叫建立过程之中交换机在多条路由中选择一条较好的路由，其算法有静态的固定路由算法和动态的自适应路由算法。流量控制一般是在各级别实现，以保证网路内数据流量平滑均匀、提高吞吐量、防止拥塞现象的发生。

X.25是目前最成熟的协议，它基本包括了OSI的1~3层的功能，也是计算机分组交换网的协议。

习　题

1.分组交换的基本原理是什么？

2.分组交换中包含哪些技术？

3.试说明虚电路和逻辑信道的区别。

4.试比较预分配资源方式和动态分配资源方式的优缺点。

第5章 ISDN 交换与 ATM 交换

在现代社会中，人们需要传递和处理的信息量越来越大，信息的种类也越来越多，其中对会议电视、高速数据传输、远程教学、VOD 等宽带新业务的需求正迅速增长。原来的各种网络都只能传输一种业务，如电话网只能提供电话业务，数据通信网只能提供数据通信业务。这种情况对于用户和网络运营者来说都是不方便和不经济的，人们因此提出了 ISDN（Integrated Services Digital Network）的概念，希望能够用一种网络来传送各种业务。

ISDN 的概念是于 1972 年提出的，由于当时的技术和业务需求的限制，首先提出的是窄带 ISDN（N-ISDN）。目前 N-ISDN 技术已经非常成熟，世界上已经有了许多比较成熟的 N-ISDN 网。但是由于 N-ISDN 存在着带宽有限、业务综合能力有限、中继网种类繁多、对新业务的适应性差等局限性，要求人们提出有更大的灵活性、更宽的带宽、更强的业务综合能力的新网络。自 20 世纪 80 年代以来，一些与通信相关的基础技术，如微电子、光电子等技术的发展和光纤的传输距离与传输容量的提高，为新网络的实现提供了基础。

就是在这种环境下，出现了宽带 ISDN（B-ISDN）。B-ISDN 能够满足：

①提供高速传输业务能力。

②网络设备与业务特性无关。

③信息的转移方式与业务种类无关。

为了研究开发适应 B-ISDN 的传输模式，人们提出了很多种解决方案，如多速率电路交换、帧中继、快速分组交换等。最后得到了一个最适合 B-ISDN 的传输模式——ATM（Asynchronous Transfer Mode）。

ATM 技术作为 B-ISDN 的核心技术，已经由 ITU-T 于 1992 年规定为 B-ISDN 统一的信息转移模式。ATM 技术克服了电路模式和分组模式的技术局限性，采用光通信技术，提高了传输质量，同时，在网络节点上简化操作，使网络时延减小，而且采取了一系列其他技术，从而达到了 B-ISDN 的要求。

5.1 ISDN 的基本概念

（1）ISDN 的产生。

ISDN（Integrated Service Digital Network）综合业务数字网，就是采用数字交换和数字传输电信网的简称，中国电信将其俗称为“一线通”。是由国际电报电话咨询委员会（CCITT）在 20 世纪 80 年代确立的。

最早的电信业务只有电话和电报通信，随着用户要求的不断提升，新型的业务即对数据、话音、图像、文字等各种信息的处理和传递大量涌现。电信网络所处的状况是：对应不同的业务有不同的通信网络，各种不同的公用网同时并存，分别用来提供不同的业务。其缺点是：从用户角度看：经济性差，效率低，使用不便，和管理部门的关系复杂。从运行管理的角度看：网络重复建设费用和维护费用大，新业务不能及时引入。因此，需要有一个能够有效地提供多种服务的统一的通信网，它不仅能满足人们对现有电话及非话业务的需求，还能提供未来复杂的信息通信服务。由此，我们引入 ISDN 的概念，它由电话综合数字网（IDN）演变而成，提供端到端的数字连接，以支持一系列广泛的业务（包括话音和非话业务），它为用户进网提供一组有限标准的多用途用户——网络接口。

（2）ISDN 的三个基本特征。

- 端到端的数字连接
- 综合的业务
- 标准的入网接口

ISDN 网络的用户线是数字用户线，传送的是数字信号。ISDN 网络端到端的数字连接如图 5-1 所示。

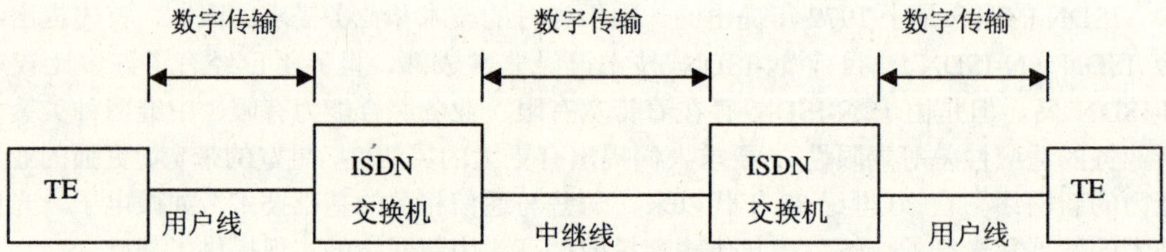

图 5-1 ISDN 网络的用户线

ISDN 网可提供话音、数据、图像、视频等中、低速率的业务，这些综合业务的特性见表 5-1。

表 5-1 综合业务特性

带宽	业务			
	电话	数据	文字	图像
	电话	分组交换数据	用户电报	
		电路交换数据	智能用户电报	
	租用电路	租用电路	租用电路	
		遥测	可视图文	传真
64Kbit/s		资金转移		信息检索
		信息检索	信息检索	监视
	信息检索	邮政信箱	邮政信箱	
		电子邮件	电子邮件	
		告警		
				电视会议
＞64Kbit/s	音乐	高速计算机		电视数据
		通信		可视电话
				电缆电视

标准的、多用途的用户-网络接口，在这里“标准”是通用性的要求，它规定了接口的信道速率、信道组成、插头插座形状、控制信号的格式及通信过程。它促成了终端的可携性。所谓“多用途”是入网接口对各种各样的业务都是通用的，也就是说不同的业务和不同的终端可以经同一个接口接入网络。

ISDN 节点-节点接口：

- E1 接口
- 公共信道信令 No.7-ISUP

ISDN 用户-网络接口：

- 提供的接口类型：

  BRI:2B+D

  PRI:30B+D
- 公共信道信令：DSS1

L1：U 接口或 E1 接口

L2：LAPD（Q.921）

L3：Q.931

（3）ISDN 的技术基础。

- 数字通信技术
- 公共信道信令技术
- 开放系统互连技术

5.2　ISDN 的业务

CCITT 将 ISDN 业务划分为三大类：

- 承载业务（bearer service）
- 用户终端业务（teleservice）
- 补充业务（supplementary service）

（1）承载业务：承载业务是由网络提供的信息传送服务，其任务是将信息从一个用户网络接口透明地传送到另一个用户网络接口，对信息本身不作任何处理。这类业务仅包含 OSI 1～3 层的功能。CCITT 采用特征方法对每项承载业务作出精确的定义。所谓特征就是业务的特征描述。对于承载业务,CCITT 定义了 13 个特征，每个特征规定有若干个特征值，给定所有特征的特征值组合就可以无歧义地定义一项业务。在 13 个特征中，前 4 个最为重要称作主要特征，它们是：

①信息传送方式：

有电路传送和分组传送两种方式。

②信息传送速率：

对于电路方式，有 64、2×64、384、1536 和 1920Kbit/s 5 种特征值。

对于分组方式，用吞吐量表示，属性值尚无定义。

③信息传送能力：

有不受限制的数字信息，话音，3.1kHz 音频，7kHz 音频，15kHz 音频和视频 5 种属性值。

④结构：

该特征是指传递信息时保持数据完整性的能力，即指在信息传送时网络应加入什么样的同步元素，使信息保持指定的完整结构。它有 8kHz 完整性，业务数据单元（SDU）完整性和无结构 3 种属性值。

CCITT 建议提供的承载业务（11 种）：

电路方式承载业务：

a. 64Kbit/s，8kHz 结构，不受限制的数字信息。

b. 64Kbit/s，8kHz 结构，话音。

c. 64Kbit/s，8kHz 结构，3.1kHz 音频。

d. 64Kbit/s，8kHz 结构，交替用于话音/不受限制的数字信息。

e. 2×64Kbit/s，8kHz 结构，不受限制的数字信息。

f. 384Kbit/s，8kHz 结构，不受限制的数字信息。

g. 1536Kbit/s，8kHz 结构，话音。

h. 1920Kbit/s，8kHz 结构，3.1kHz 音频。

分组方式承载业务：

a. 虚呼叫和永久虚电路。

b. D 信道上的非连接型。

c. 用户信令。

（2）用户终端业务：用户终端（teleservice）业务是由网络和终端设备共同向用户提供的通信业务，这类业务是在相应的承载业务的基础上增加了高层功能而形成的，它包含了 OSI 1～7 层的全部功能。CCITT 定义的用户终端业务有：电话，2/3 类传真，4 类传真，智能用户电报，可视图文，用户电报，可视电话，会议电视等。

（3）补充业务：ITU-T 标准化的补充业务（supplementary service）有 7 大类，共 26 种。

①号码识别类业务：

直接拨入（DDI），多用户号码（MSU），子地址寻址（SUB），主叫线标识提供（CLIP），主叫线标识提供限制（CLIR），被接线标识提供（COLP），被接线标识提供限制（COLR）和恶意呼叫识别（MCI）。

②呼叫提供类业务：

有呼叫转移（CT），无条件呼叫前转（CFU），遇忙呼叫前转（CFB），无应答呼叫前转（CFNR）等。

③呼叫完成类业务：

呼叫等待（CW），呼叫保持（HOLD），遇忙呼叫完成（CCBS），终端移动性（TP）和多级优先和预占（MLPP）。

④多方通信类业务：

有会议呼叫（CONF）和三方业务（ 3 PTY）。

⑤社团性业务：

有闭合用户群（CUG）和专用编号计划（PNP）。

⑥计费类业务：

有计费通知（AOC）和反向计费（REV）。

⑦附加信息传送类业务：

有用户-用户信令业务（UUS）。

5.3　ISDN 的用户-网络接口

（1）ISDN 的基本结构。

ISDN 网络具有多种能力：

- 电路交换能力
- 分组交换能力
- 无交换连接能力
- 公共信道信令能力

ISDN 具有三种不同的信令：

- 用户-网络信令（I.430/I.431、Q.921、Q.931）
- 网络内部信令（7 号信令 ISUP）
- 用户-用户信令（见图 5-2）

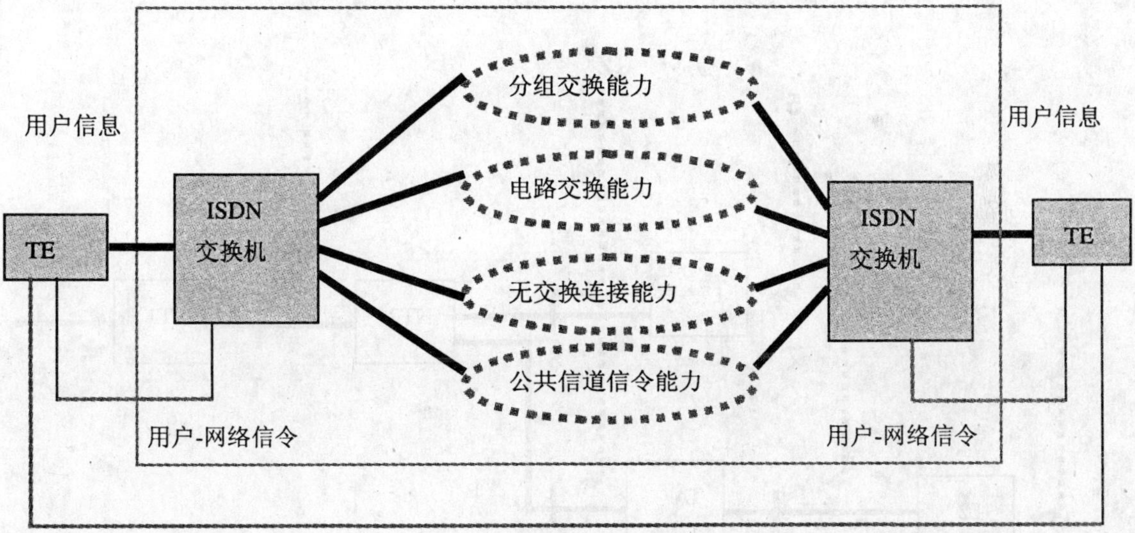

图 5-2　用户-用户信令

（2）ISDN 的用户-网络结构。

目前用户-网络接口的现状：

不同的通信网中存在着不同的用户-网络接口：

- 模拟电话接口
- 用户电报接口
- X.25 接口

本地通信网的常用接口：

- V.24 接口
- 局域网（LAN）接口

对用户-网络接口的要求：通用性、可移动性、隔离性。

ISDN 用户-网络接口的参考点和功能群（见图 5-3）：

功能群（Function Group）：

用户接入 ISDN 所需的一组功能，这些功能可以由一个或多个设备来完成。

参考点（Reference Point）：

用来分割功能群概念上的点。在不同的实现方案中，一个参考点可以对应也可以不对应于一个物理接口。

ISDN 用户-网络接口的功能群定义：

网络终端 1（NT1：Network Termination 1）

NT1 是 ISDN 网在用户处的物理和电气终端装置。它只有 OSI 第 1 层的功能，即用户线传输终端的有关功能。它是网络的边界，使交换机的用户设备不受用户线上传输方式的影响，具有线路维护功能，支持多个信道的传输，具有解决 D 信道竞争能力，支持多个终端设备同时接入。

网络终端 2（NT2：Network Termination 2）

NT2 又叫做智能网络终端，它可以包含 OSI1～3 层的功能。可完成交换和集中的功能，NT2 可以是数字 PBX、集中器和局域网。

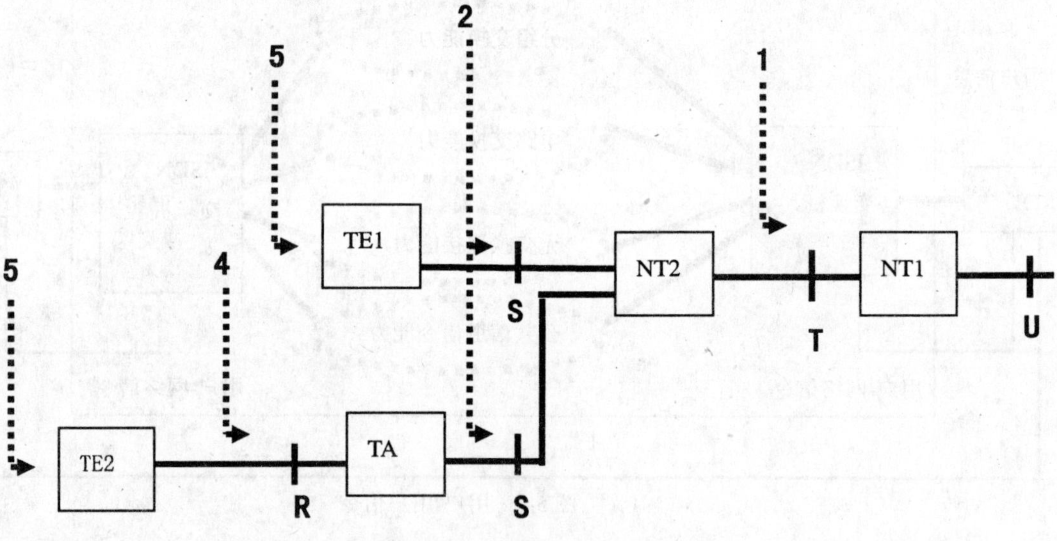

图 5-3　ISDN 用户-网络接口的参考配置

1 类终端设备（TE1：Terminal Equipment Type 1），TE1 又叫做 ISDN 标准终端设备，它是符合 ISDN 接口标准（即 S 参考点的标准）的用户设备，例如数字电话机和 4 类传真机。它完成用户侧 1～3 层的功能以及面向某种应用的高层功能。

2 类终端设备（TE2：Terminal Equipment Type 2），TE2 又叫非 ISDN 标准终端设备，是不符合 ISDN 接口标准的用户设备，需要经过终端适配器 TA 的转换，才能接入 ISDN 的标准接口（S 参考点）。

终端适配器（TA：Terminal Adaptor），TA 完成适配功能（包括速率适配及协议转换），使TE2能接入ISDN的标准接口。TA具有OSI第1层的功能以及高层功能。

ISDN的UNI接入配置有很多种类这里不一一介绍，如有需要请查阅相关资料。

（3）ISDN的信道结构（表5-2）：

①I.412建议为ISDN用户和交换局之间建议了几种不同速率的信道：

B信道：64Kbit/s

D信道：16或64Kbit/s

H信道：

H0信道：384Kbit/s

H11信道：1536 Kbit/s （适用于PCM24路系统）

H12信道：1920 Kbit/s （适用于PCM30/32路系统）

②基本入口（BRI，Basic Rate Interface）：它包括两条64Kbit/s双工B信道和一条16Kbit/s双工的D信道（2B＋D），总的速率是144Kbit/s。再加上帧定位，同步以及其他控制比特，基本入口 S参考点上的速率达到192Kbit/s。

一次群速率入口（PRI，Primary Rate Interface）：

在欧洲和中国：

一次群速率入口的速率为：2048Kbit/s

接口结构为：30B＋D

在美国、加拿大和日本：

一次群速率入口的速率为：1544Kbit/s

接口结构为：23B＋D

表5-2 ISDN的接口结构

用户网络接口类型	物理接口速率	接口结构 结构名称	接口结构 信道结构
基本接口	192Kbit/s	基本接口 （基本接入）	2B＋D16 B＝64Kbit/s D＝16Kbit/s
基群速率接口	1544Kbit/s 或 2048Kbit/s	B信道接口 （多信道接入） H0信道进口（高速接入）	23B＋D64（D＝64Kbit/s）30B＋D64 （D＝64Kbit/s） 4H或3H0＋D64（1544Kbit/s） 5H0＋D64（2048Kbit/s）
		H1信道接口 （高速接入） B／H0混合信道接口	H11（1544Kbit/s） H12＋D64（2048Kbit/s） nB＋mH0＋D64
基本接入复用接口	1544Kbit/s 或 2048Kbit/s	基本接入 复用接口	1544Kbit/s 正在研究 12×（2B＋D16）（2048Kbit/s）

5.4 ISDN 的交换技术

5.4.1 数字用户接口

（1）数字用户线技术。

数字用户线是用户与中心局之间的二线环路的连接，无载回路可长达 18.7km，包括电缆对、跳接线接口、中心局内的布线和用户驻地的布线。数字用户线上传递 ISDN 的所有信息，其线路码采用 2BIQ 方式。这种编码方式把两个相邻的比特结合在一起组成一个四进制符号，第一位比特为符号位，第二位比特为振幅位。考虑到经济性，数字用户线不像中继线路，一般是二线制的。因此，实现二线双向数字传输是关键所在。

双向复用的方法可以有：频分法、乒乓法和回波抵消法。

①频分法（FDM）是对接收和发送采用不同频率的传输频带，用高、低通滤波器分割而实现。但对滤波器要求严格，一般不用。

②乒乓法又称时间压缩法（TCM）。它是采用对数字比特流进行处理，变成高速窄脉冲流，再利用开关周期性地在二线环路上交替发送、接收数字信号流。在接收端再将高速窄脉冲恢复成原先的数字比特流。由于存在线路迟延，为了适应不同的环路长度，应在每一交替周期中安排一个保护时间。由于提高了传输速度，会增大线路损耗，缩短传输距离，在 0.5mm 线径上的传输距离为 4～5km，但技术难度小，成本较低。

③回波抵消法（EC）是对收、发差接电路产生的近端回波，采用自适应滤皮器根据输入端的信号估算出回波的大小，然后在输出端减去此估算值，达到抵消回波的目的。回波抵消法传输距离长，传输距离可达 6～7km，但实现的技术较为复杂。随着大规模集成电路技术水平的提高，回波抵消法可能在 U 接口中被越来越多地采用。

回波抵消法的原理为：在二线传输的两个方向上同时间、同频谱地占用线路，在线路上两个方向传输的信号完全混在一起，本端发信号的回波即成为本端收信号的干扰信号，利用自适应滤波器可抵消回波以达到较好的接收信号质量。

（2）U 接口标准。

U 接口没有统一的国际标准，普遍采用的标准有 ANSI 和 ETSI 两大标准，这两个标准都包含有以下主要部分：

线路码型：目前普遍采用的码型有 2B1Q 和 4B3T

帧结构：1 复帧=8 帧，1 帧=240bit，

U 接口速率=160Kbit/s，1 帧传送时间=1.5ms

（3）数字用户电路。

数字用户电路是 ISDN 交换机的一类重要外围接口电路，其地位相当于电话交换机中的模拟用户电路。它一般包括 LT 和 ET 两大部分功能：

LT：完成 U 接口的功能。

ET：B，D 信道分离和复合。

B 信道至交换机内部的时隙交换。

D 信道信令数据和分组数据的分离。

D 信道信令协议处理。

电路板和交换机主处理机间的通信。

5.4.2　ISDN 协议

（1）通用 ISDN 协议模型见图 5-4。

控制平面 C：是关于控制信令的协议，共分七层，它覆盖了所有对呼叫和对网络性能的控制。

用户平面 U：是关于用户信息的协议，也分七层，它覆盖了在用户信息传送的信道上实行数据交换的全部规则。

管理平面 M：不分层，是关于终端 ISDN 节点内部操作功能的规则。

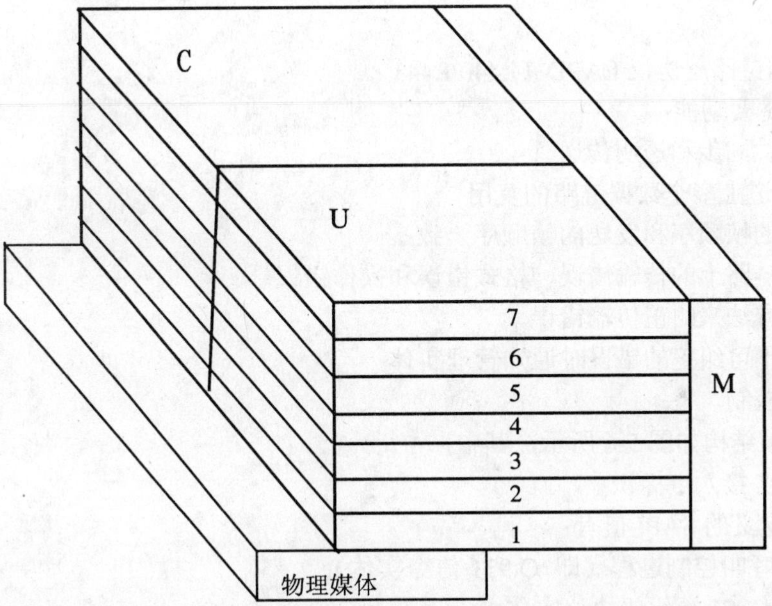

图 5-4　通用 ISDN 协议模型

（2）UNI 协议。

ISDN UNI 信令指的是 S/T 接口上的信令协议，由 D 信道传送，它由 3 层协议组成：物理层、数据链路层和呼叫控制层，统称为 1 号数字用户信令（DSS1，Digital Subscriber Signaling No.1）（见图 5-5）。

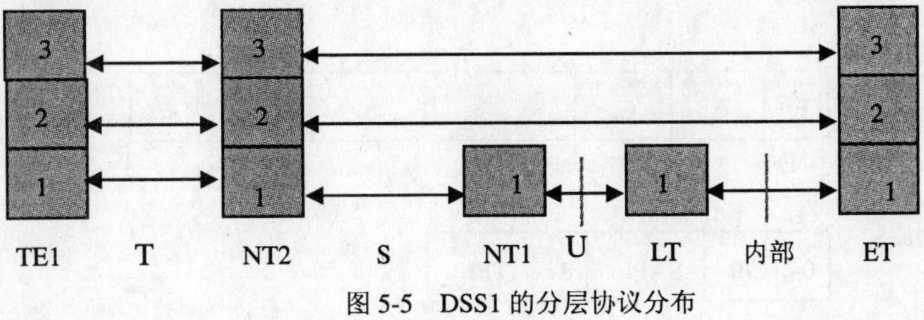

图 5-5　DSS1 的分层协议分布

（3）物理层协议（I.430/I.431）。

物理层完成下列功能：

S/T 接口的参考配置

线路编码

帧结构

比特同步、帧同步、复帧同步

D 信道接入竞争

激活和去激活

S/T 接口物理特性

供电

（4）数据链路层协议 LAPD（I.440/I.441）。

LAPD 的主要功能：

帧的分割、同步和透明传送

同一 D 信道上多个数据链路的复用

保持接收的帧顺序和发送的帧顺序一致

检测数据链路上的传输错误、格式错误和操作错误

用重发的方法来纠正传输错误

当发生了不可纠正的错误时通知管理实体

进行流量控制

LAPD 的帧结构如图 5-6 所示，其中：

SAPI：服务接入点标识

ITU-T 已定义的 SAPI 值有：

SAPI=0　呼叫控制过程（即 Q.931 信令实体）；

SAPI=16　X.25 分组级协议实体；

SAPI=63　第 2 层管理实体；

TEI（终端设备标识）：用来识别同一 UNI 接口上可能连接的多个终端。

ITU-T 定义的 TEI 值范围为：

TEI=0～63　非自动分配 TEI 的终端设备；

TEI=64～126　自动分配 TEI 的终端设备；

TEI=127　广播地址。

TEI+SAPI：合称为 DLCI，它标识一条逻辑数据链路。一个 D 信道上可复用多条数据链路（图 5-7）。

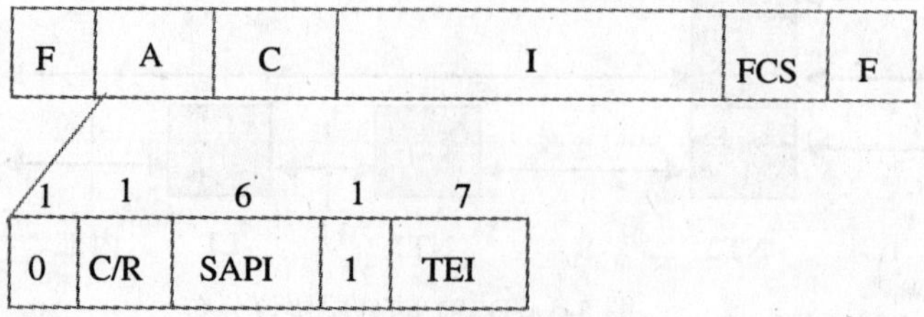

图 5-6　LAPD 的帧结构

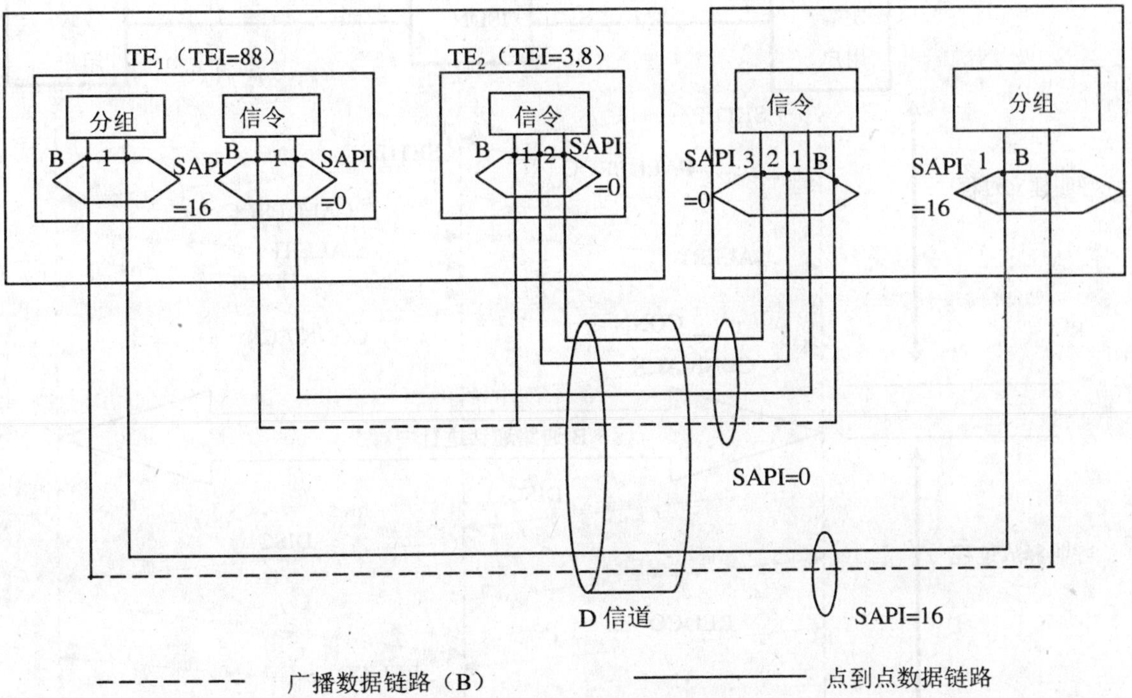

图 5-7 D 信道数据链路的复用

（5）呼叫控制协议（I. 450/I. 451）。

DSS1 的第 3 层为呼叫控制层，标准协议为 I.450/I.451，也就是 Q.930/ Q.931 ，其作用为建立和释放 B 信道连接，采用基于消息的信令控制过程。用于基本呼叫控制的 Q.931 消息有 4 大类，分别为呼叫建立消息、呼叫信息传递消息、呼叫清除消息和其他消息。图 5-8 是 UNI 接口上 ISDN 基本呼叫的信令过程。

（6）NNI 协议。

ISDN 的 NNI 信令指的就是 ISUP（7 号信令的 ISDN 用户部分），其地位和 TUP （7 号信令的电话用户部分）相当，许多消息名也和 TUP 相同，但其功能要复杂得多，消息内容也更为丰富。

5.4.3 分组呼叫处理

ISDN 可以以两种方式来支持分组型终端设备的通信：

一种是以电路交换的方式将分组型终端接入分组交换公用数据网（PSPDN），这种方式叫做 CASE A。

另一种方式是在 ISDN 内部增加分组处理器 PH（Packet Handler），提供虚电路业务，分组终端以分组交换方式接到 PH，这种方式叫做 CASE B。

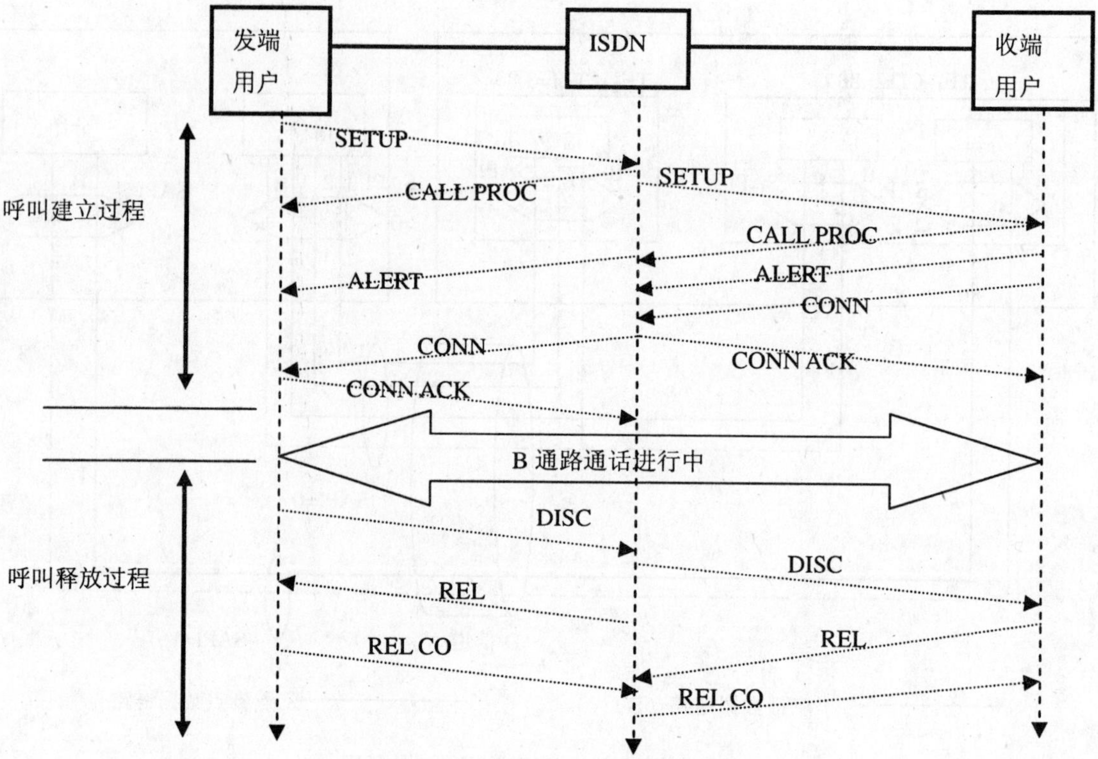

图 5-8 ISDN 基本呼叫的信令过程

（1）电路交换方式接入 PSPDN（CASE A）（图 5-9）。

PSPDN 中有一个入口单元 AU（Access Unit）来提供网间互通功能，ISDN 利用 B 信道将分组终端以电路方式连到 PSPDN，由 PSPDN 来提供终端之间的通信。用户分两个阶段来建立呼叫（图 5-10）：

①建立和 AU 之间的连接，使终端通过 B 信道连到 AU。

②按照 X.25 建议在 B 信道中建立虚电路。

（2）ISDN 虚电路承载业务（CASE B）。

ISDN 的虚电路业务可以在 B 信道上或 D 信道上提供，但不同信道的虚电路建立过程是不同的。

B 信道上的虚电路业务（图 5-11）：

如果分组终端希望利用 B 信道来传送分组数据，它首先必须利用 D 信道送信令来控制 B 信道的连接，等接到 ISDN 网内的分组处理器 PH 后，再向 PH 送 X.25 分组请求建立虚电路，终端可在 B 信道上建立多条虚电路。

D 信道上的虚电路业务（图 5-12）：

如果两个 ISDN 分组终端之间传送的数据量不是很大时，则可以利用 D 信道来建立虚电路。

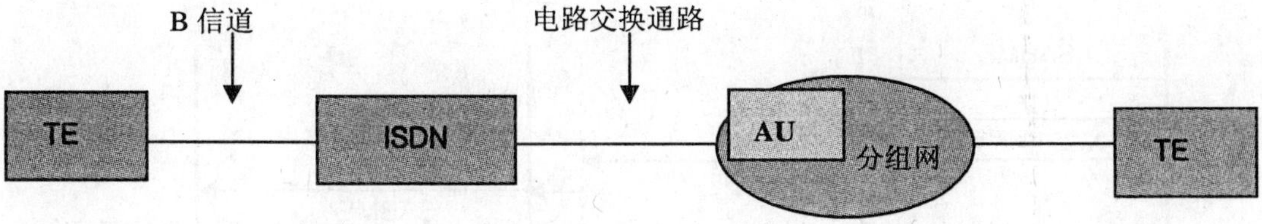

图 5-9　CASE A

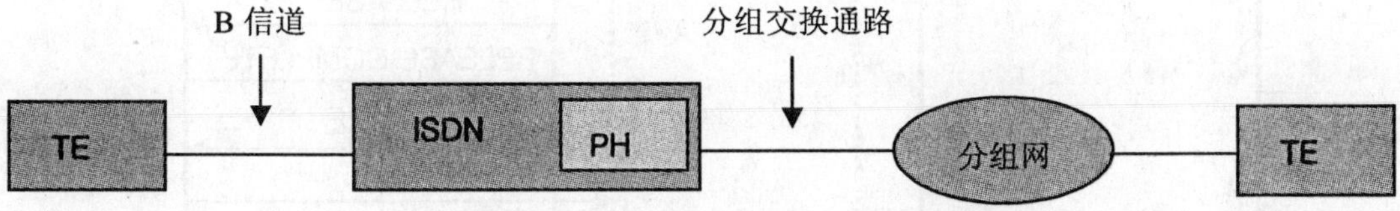

图 5-10　ISDN 交换机的分组处理功能

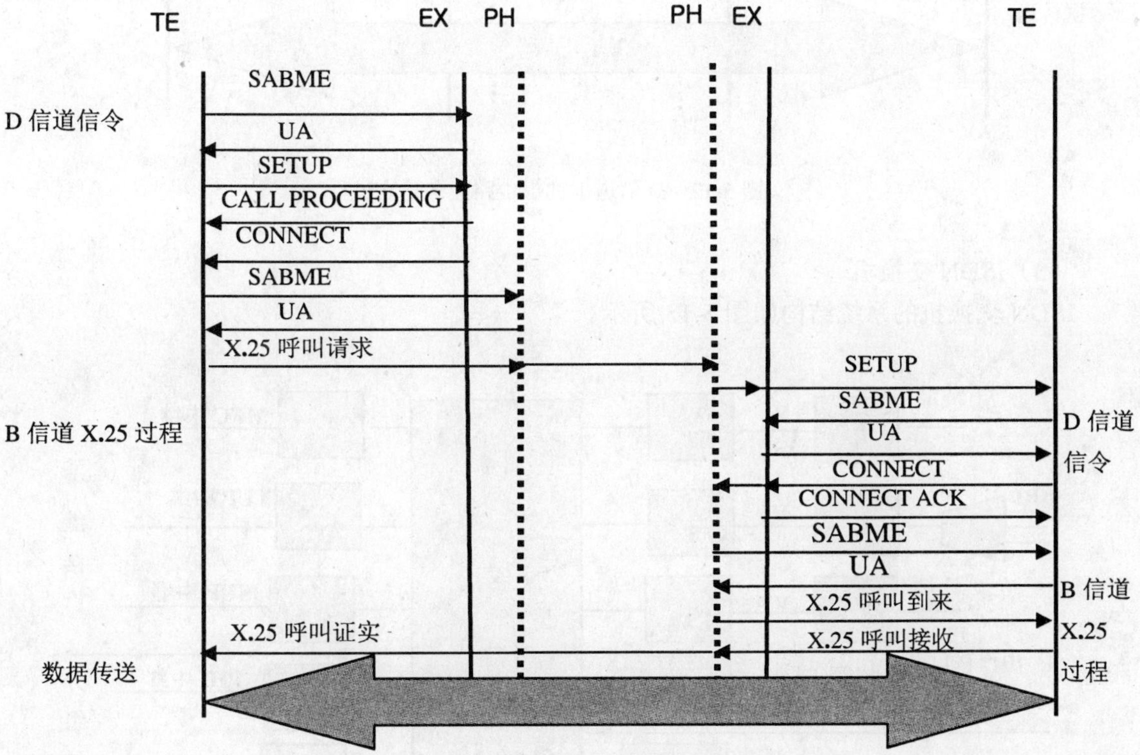

图 5-11　B 信道上的虚电路业务建立过程

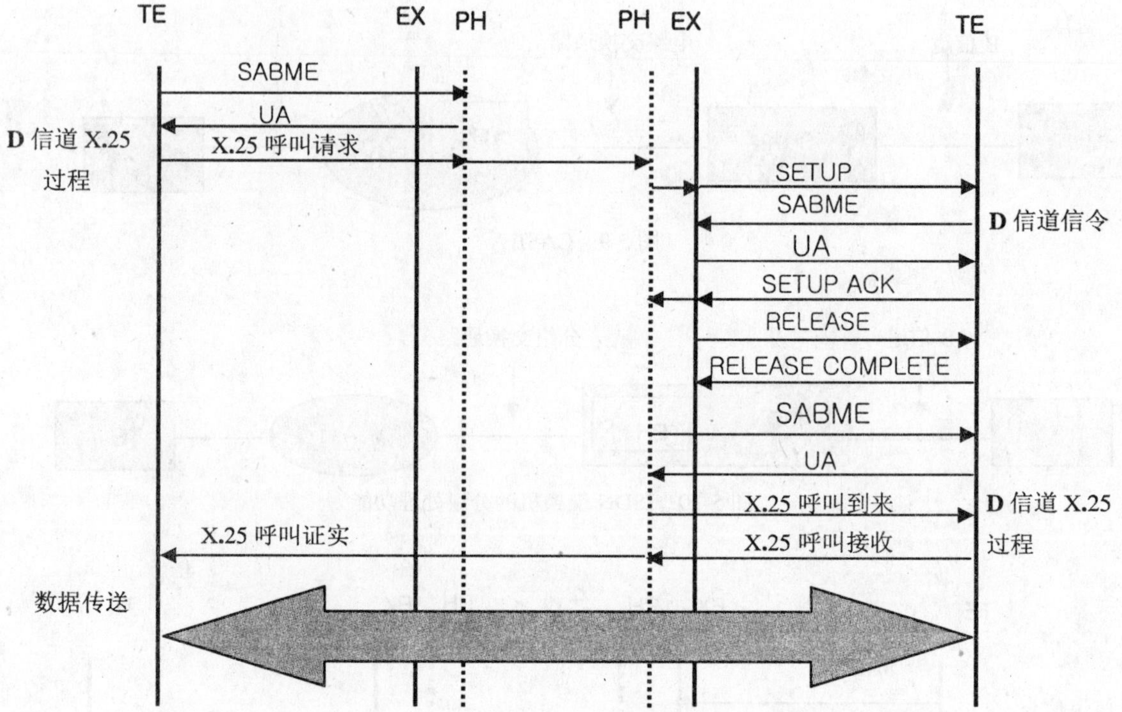

图 5-12　D 信道上的虚电路业务建立过程

（3）ISDN 交换机。

ISDN 交换机的系统结构如图 5-13 所示。

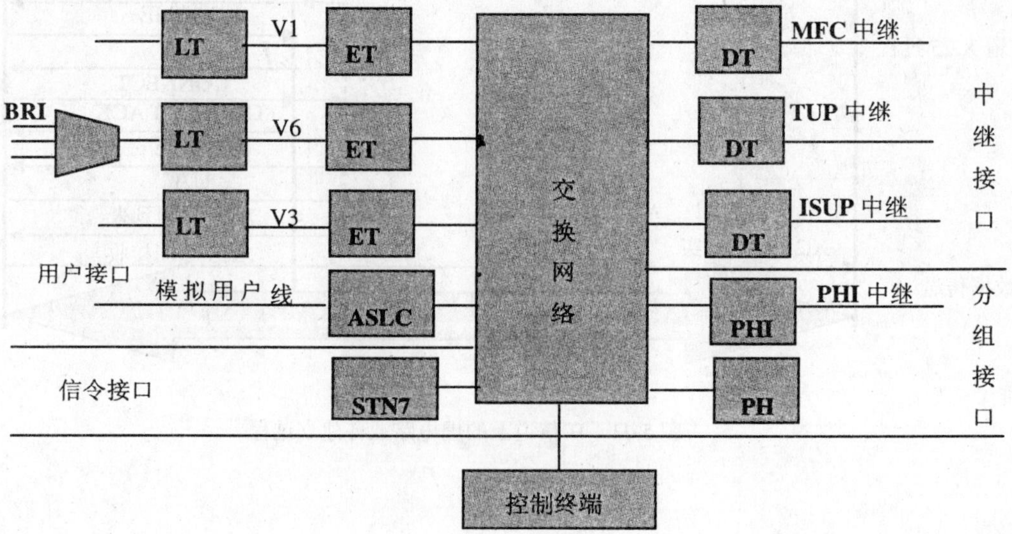

图 5-13　ISDN 交换机的系统结构

5.5 ATM基本概念

5.5.1 ATM产生及发展

（1）ATM的产生。

1983年，美国贝尔实验室的Turner J.等人提出了快速分组交换（FPS，Fast Packet Switching）原理，研制了原型机。同年，法国Coudreuse J.P.提出了ATD交换概念，并在法国电信研究中心（CNET）研制了演示模型。FPS和ATD概念提出以后，很多设备制造公司、邮电管理部门和标准化组织表示了强烈的兴趣，进行了深入的研究。20世纪80年代中期，CCITT也开始了这种新的传送模式的研究。1988年，CCITT18研究组决定采用固定长度的信元，定名为ATM，并认定B-ISDN将基于ATM技术。1990年，CCITT 18研究组制定了关于ATM的一系列建议，并在以后的研究中不断地深入和完善。1994年投入运营的美国北卡罗来纳信息高速公路，是美国第一个在州范围内的公用ATM宽带网。在欧洲由法国、德国、英国、意大利和西班牙等国发起的泛欧ATM宽带试验网，于1994年11月开始运行，后来扩大到欧洲的十多个国家，是覆盖面较广的ATM试验网。在亚洲的日本NTT与邮政省、中国香港电讯、新加坡电信、韩国电信、泰国的亚洲电信以及中国的广东、北京和上海电信管理局也进行过以ATM为基础的宽带网试验。试验的业务平台有基于TCP / IP的宽带数据、VOD、会议电视。试验的应用系统大致有家庭购物、远程医疗、远程教学等。

（2）ATM的概念。

ATM（Asynchronous Transfer Mode）异步传送模式是一种采用异步时分复用方式、以固定信元长度为单位、面向连接的信息转移（包括复用、传输与交换）模式。

（3）ATM的特点。

①进一步简化了功能。

②定长比可变长信元的控制与交换更容易用硬件实现，有利于向高速化的方向发展。

③采用面向连接并预约传输资源的工作方式，保证了网络上的信息可以在一定允许的差错率下传输，既兼顾了网络运营效率，又能够满足接入网络的连接进行快速数据传输。

④ATM信元头部功能降低。由于ATM网络中链路的功能变得非常有限，所以信元头部变得异常简单，依靠信元头部的虚电路标志可以很容易地将不同的虚电路信息复用到一条物理通道上。

⑤ATM网具有支持一切现有通信业务及未来的新业务；有效地利用网络资源；减小了交换的复杂性；减少了中间节点的处理时间，支持高速传输；减小延迟及网络管理的复杂性；能保证现有及未来各种网络应用的性能指标等特点。

因此ATM技术既具有电路交换的“处理简单”、支持实时业务、数据透明传输、采用端到端的通信协议等特点，又具有分组交换的支持变比特率业务特点，并能对链路上的业务进行统计复用。

5.5.2 ATM信元结构

（1）ATM信元是ATM的基本信息单元，根据对传输效率、时延（包括打包时延、排队时延、时延抖动和相关的信元组合恢复时延）和实现复杂性三方面因素的综合考虑，采用了53字节的固定信元长度，如图5-14所示。

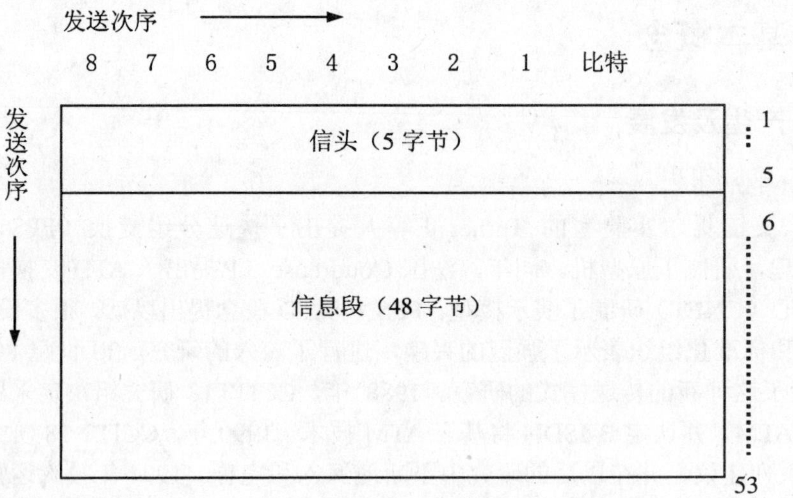

图 5-14　ATM 信元

（2）UNI 的信头结构。

信头内容在 UNI（用户网络接口）和 NNI（网络节点接口）略有区别，主要由以下几部分构成（见图 5-15 和图 5-16）：

GFC：一般流量控制，4 比特。只用于 UNI 接口，目前置为“0000”，将来可能用于流量控制。

VPI：虚通道标识，其中 NNI 为 12 比特，UNI 为 8 比特。

VCI：虚通路标识，16 比特，标识虚通道内的虚通路，VCI 与 VPI 组合起来标识一个虚连接。

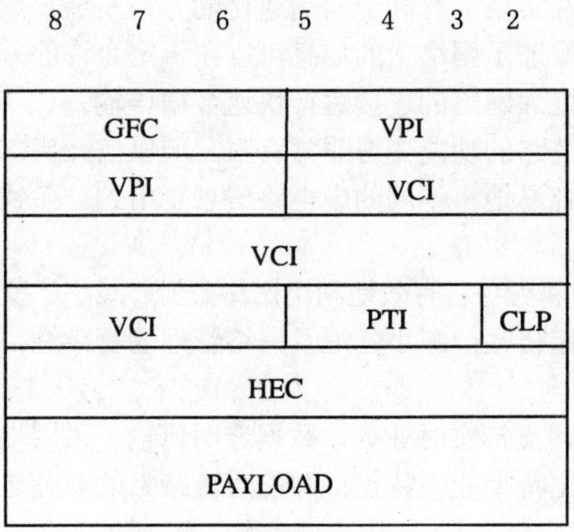

图 5-15　UNI 信头格式

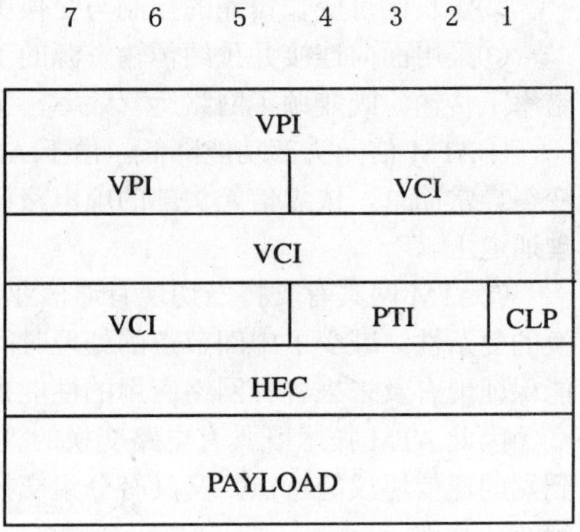

图 5-16　NNI 信头格式

PTI：净负荷类型指示，3 比特，用来指示信元类型，如表 5-3 所示。

表 5-3　　净负荷类型

编码	意　　义
000	用户数据信元无拥塞 SDU 类型=0
001	用户数据信元无拥塞 SDU 类型=1
010	用户数据信元　拥塞 SDU 类型=0
011	用户数据信元　拥塞 SDU 类型=1
100	分段 OAM 信息流相关信元
101	端到端 OAM 信息流相关信元
110	RM 信元　资源管理用
111	保留

CLP：信元丢失优先级，1 比特。用于信元丢失级别的区别，CLP 是 1，表示该信元为低优先级，是 0 则为高优先级，当传输超限时，首先丢弃的是低优先级信元。

HEC：信头差错控制，8 比特，监测出有错误的信头，可以纠正信头中 1 比特的错误。HEC 还被用于信元定界。

ATM 信元中信头的功能比分组交换中分组头的功能大大简化了，不需要进行逐链路的差错控制。只进行端到端的差错控制，HEC 只负责信头的差错控制，另外只用 VPI、VCI 标识一个连接，不需要源地址、目的地址和包序号，信元顺序由网络保证。

5.5.3　B-ISDN 协议参考模型

B-ISDN 的协议参考模型如图 5-17 所示。它包括一个用户平面、一个控制平面和一个管理平面。用户平面主要提供用户信息流的传输，以及相应的控制（如流量控制、差错控制）。控制平面主要是完成呼叫控制和连接控制的功能，通过处理信令来建立、管理和释放呼叫与连接。管理平面提供两种功能，即层管理和面管理功能。面管理完成与整个系统相关的管理功能，并提供所有平面间的协调功能。层管理完成与协议实体内的资源和参数相关的管理功能，处理与特定的层相关的操作和管理（OAM）信息流。

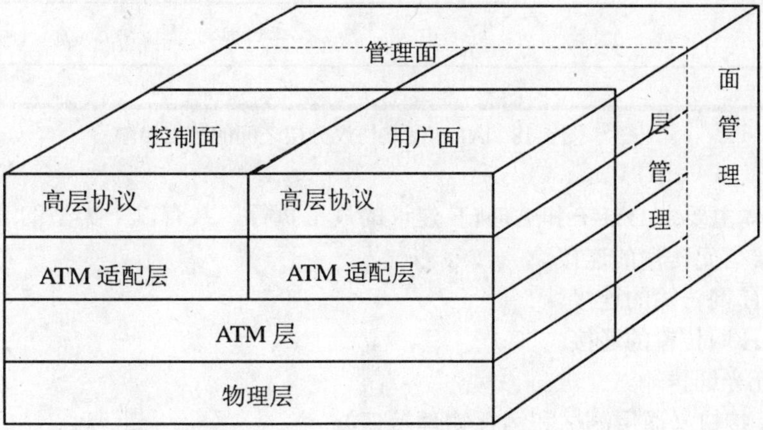

图 5-17　B-ISDN 协议参考模型

用户平面又分为物理层、ATM层、AAL层及高层，其各层间的数据传输如图5-18所示。

下面介绍各层功能。

（1）物理层。

物理层是承运信息流的载体，物理层有传输会聚TC和物理媒体连接两个子层。

①传输会聚TC子层。

TC子层负责将ATM信元嵌入正在使用的传输媒体的传输帧中，或相反从传输媒体的传输帧中提取有效的ATM层信元。ATM层信元嵌入传输帧的过程如下：ATM信元解调（缓存）→信头差错控制HEC产生→信元定界→传输帧适配→传输帧生成。从传输帧中提取有效ATM层信元的过程如下：传输帧接收→传输帧适配→信元定界→信头差错控制HEC检验→ATM信元排队。传输会聚TC子层的主要功能是信元定界和信头差错控制HEC。

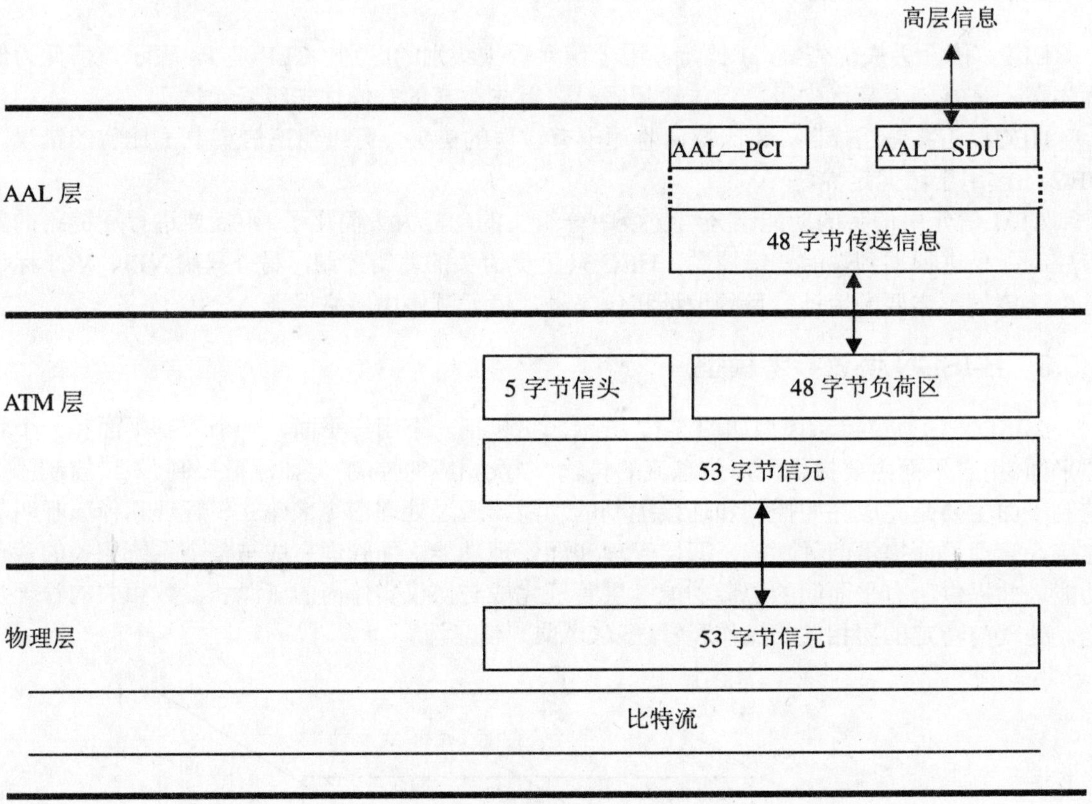

图5-18 ATM网络协议分层之间的数据传输

②物理媒体主要由ITU-T和ATM F建议的规范执行，共有以下类型的连接：

- 基于直接信元传输的连接。
- 基于PDH网传输的连接。
- 基于SDH网传输的连接。
- 直接信元光纤传输。
- UTOPIA接口（通用测试和运行物理接口）。
- 管理和监控信息流OAM传输接口。

（2）ATM 层。

ATM 层利用物理层提供的信元（53 字节）传送功能，向外部提供传送 ATM 业务数据单元（48 字节）的功能。ATM 业务数据部分（ATM-SDU）是任意的 48 字节长的数据段，它在 ATM 层中成为 ATM 信元的负载区部分，如图 5-18 所示。

（3）AAL 层。

AAL 层的主要作用是将高层的用户信息分段装配成信元，吸收信元延时抖动和信元丢失，并进行流量控制和差错控制。网络只提供到 ATM 层为止的功能。AAL 层的功能由用户本身提供，或由网络与外部的接口提供。

AAL 用于增强 ATM 层的能力，以适合各种特定业务的需要。这些业务可能是用户业务，也可能是控制平面和管理平面所需的功能业务。在 ATM 层上传送的业务可能有很多种，但根据三个基本参数来划分，可分为四类业务。三个参数是：源和目的之间的定时要求、比特率要求和连接方式。业务类划分为 A、B、C、D 四类。

A 类：固定比特率（CBR）业务:ATM 适配层 1 （AAL1）,支持面向连接的业务,其比特率固定,常见业务为 64Kbit/s 话音业务,固定码率非压缩的视频通信及专用数据网的租用电路。

B 类：可变比特率（VBR）业务:ATM 适配层 2（AAL2）。支持面向连接的业务，其比特率是可变的。常见业务为压缩的分组语音通信和压缩的视频传输。该业务具有传递介面延迟物性，其原因是接收器需要重新组装原来的非压缩语音和视频信息。

C 类：面向连接的数据服务:AAL3/4。该业务为面向连接的业务,适用于文件传递和数据网业务,其连接是在数据被传送以前建立的。它是可变比特率的,但是没是介面传递延迟。

D 类：无连接数据业务:常见业务为数据报业务和数据网业务。在传递数据前,其连接不会建立。AAL3/4 或 AAL5 均支持此业务。

其参数、业务类别和相应的 AAL 适配类型可由图 5-19 所示。

<table>
<tr><th>业务
参数</th><th>A类</th><th>B类</th><th>C类</th><th>D类</th></tr>
<tr><td>源和目的定时</td><td colspan="2">需要</td><td colspan="2">不需要</td></tr>
<tr><td>比特率</td><td>固定</td><td colspan="3">可变</td></tr>
<tr><td>连接方式</td><td colspan="3">面向连接</td><td>无连接</td></tr>
<tr><td rowspan="2">AAL 类型</td><td rowspan="2">AAL 1</td><td rowspan="2">AAL 2</td><td>AAL 3</td><td>AAL 4</td></tr>
<tr><td colspan="2">AAL 5</td></tr>
<tr><td>用户业务举例</td><td>电路仿真</td><td>运动图像
视频声频</td><td>面向连接
数据传输</td><td>无连接数据传输</td></tr>
<tr><td>服务质量</td><td>QoS1</td><td>QoS2</td><td>QoS3</td><td>QoS4</td></tr>
</table>

注：AAL1：恒定比特率实时业务适配协议　　AAL2：可变比特率实时业务适配协议

AAL3/4：数据业务传送适配协议　　AAL5：高效数据业务传送适配协议

图 5-19　业务分类、AAL 类型和服务质量

各种 ATM 服务类型的特性比较如表 5-4 所示。

表 5-4　　ATM 服务类型的特性比较

服务特性	CBR	RT-VBR	NRT-VBR	ABR	UBR
带宽保证	是	是	是	可选	不
适用于实时通信	是	是	不	不	不
适用于突发通信	不	不	是	是	是
有关于拥塞的反馈	不	不	不	是	不

根据 ATM 层传送业务量的要求，ITU-T 和 ATMF 按业务要求的比特率各自提出了业务的分类，其相互关系可参见图 5-20。

业务／分类	A 类	B 类	C 类	D 类
ITU-T 分类	DBR 确定比特率	SBR 统计比特率	ABR 可用比特率	ABT 块传送能力
ATMF 分类	CBR 恒定比特率	RT-VBR 可变比率实时	NRT-VBR 可变比特率非实时；ABR 可用比特率	UBR 未指定比特率

图 5-20　ATM 层承载业务分类方式

恒定比特率 CBR（Constant Bit Rate）主要用来模仿铜线或者光导纤维。没有差错校验，没有流量控制，也没有其余的处理。这个类别在当前的电话系统和将来的 B-ISDN 系统中作了一个比较圆滑的过渡，因为话音级的 PCM 通道，T1 电路以及其余的电话系统都使用恒定速率的同步数据传输。

可变比特率 VBR（Variable Bit Rate）被划分为两个子组别，分别是为实时传输和非实时传输而设立的。RT-VBR 主要用来描述具有可变数据流并且要求严格实时的服务，比如交互式的压缩视频（例如电视会议）。NRT-VBR 用于主要是定时发送的通信场合，在这种场合下，一定数量的延迟及其变化是可以被应用程序所忍受的，如电子邮件。

可用比特率 ABR（Available Bit Rate）术语是为带宽范围已大体知道的突发性信息传输而设计的。ABR 是惟一一种网络会向发送者提供速度反馈的服务类型。当网络中拥塞发生时会要求发送者减小发送速率。假设发送者遵守这些请求，采用 ABR 通信的信元丢失就会很低。运行的 ABR 有点像等待机会的机动旅客：如果有空余的座位（空间），机动的旅客就会无延迟地被送到空余座位处；如果没有足够的容量，他们就必须等待（除非有些最低带宽是可用的）。

未指定比特率 UBR（Unspecified Bit Rate）不做任何承诺，对拥塞也没有反馈，这种类型很适合于发送 IP 数据包。如果发生拥塞，UBR 信元也会被丢弃，但是并不给发送者发送反馈，也不给发送者希望放慢速度的期望。

以上各层的功能与协议参考模型的关系如表 5-5 所示。

表 5-5　B-ISDN 各层的功能与协议参考模型的关系

高层		高层功能
AAL 层	CS 子层	会聚功能，即将业务数据变换成 CS 数据单元
	SAR 子层	分段与重组，在此层以信元为单位对 CS 数据分段或重组
ATM 层		通用流量控制 信头的产生/提取 信元 VP/VC 变换 信元复用与分解
物理层	TC 子层	信元速率解耦 HEC 信头序列产生/检验 信元定界 传输帧适配 传输帧产生/恢复
	PM 子层	比特定时 物理媒体

5.5.4 ATM 地址格式

ATM 有 3 种地址格式，如图 5-21 所示。第 1 字节指明该地址是 3 种地址格式中的哪一种。数据国家代码（DCC）有 20 字节长，是基于 OSI 地址格式的；第 2 和第 3 字节指明国家；第 4 字节给出了基于地址部分的格式，其他包括 3 字节指明权限，2 字节指明域（domain），1 字节指明区域，还有 6 字节的地址，以及其他一些信息项。在国际代号设计码（IC）地址

AFI	DCC	DFI	AA	保留	RD	Area	ES1	Se1
（47）								

（a）DCC 格式

AFI	ICD	DFI	AA	保留	RD	Area	ES1	Se1
（45）								

（b）IC 格式

AFI	E.164	RD	Area	ES1	Se1
（39）					

（c）E.164 格式

图 5-21　ATM 地址格式

格式中，第 2 和第 3 字节指定一个国际组织，而不是国家；地址的其余部分和格式与第 1 种相同。另一种是旧的使用 15 位十进制数的 ISDN 电话号码（ITU-T E.164）作为地址的格式。

图 5-21 中：AFI——格式标识符（缺省）

DCC——2 个字节的数据国家代码

DFI——1 个字节，与特定区域相关的格式标识符

AA——3 个字节的管理授权标志

RD——2 个字节的路由区域标识

Area——2 个字节的地区标识

ES1——6 个字节的末端系统标识，它实际是 IEEE 802 规定的 MAC 地址

Sel——1 字节的网络访问点（NSAP）选择标识

ICD——2 字节的国际代号设计码

E.164——8 字节的综合业务数字网（ISDN）中的电话号码

5.6 ATM 交换

ATM 交换技术是 ATM 网络技术的核心。交换结构的性能将决定 ATM 网络的性能和规模。交换机设计的方法将影响交换吞吐量、信元阻塞、信元丢失和交换延时等，交换结构不仅影响交换机的性能和扩展特性，而且也影响交换机支持广播方式和点到点方式的能力。

现代通信网中广泛应用的交换方式有两种：电路交换方式和分组交换方式。电路交换方式包括传统电路交换、多速率电路交换、快速电路交换等，分组交换方式包括帧交换、帧中继、快速分组交换等。电路交换方式适用于话音等实时性业务，而分组交换方式适用于数据业务。在综合业务环境下，不同业务对网络的要求不同，电路交换方式和分组交换方式都不能满足综合业务环境下的使用要求。ATM 交换技术是一种融合了电路交换方式和分组交换方式优点而形成的新型交换方式。

5.6.1 ATM 交换基本原理

（1）虚通道与虚信道。

ATM 传输通道可分割成若干个逻辑子信道，为便于应用和管理，逻辑子信道可按两个等级来划分：

虚通道（VP，Virtual Path）

虚信道（VC，Virtual Channel）

在 ATM 中一个物理传输通道被分成若干个虚通道 VP，一个 VP 又由上千个虚信道 VC 所复用。ATM 信元的交换既可以在 VP 级进行，也可以在 VC 级进行。虚通道 VP 和虚信道 VC 都是用来描述 ATM 信元单向传输的路由。每个 VP 可以用复用方式容纳多达 65536 个 VC，属于同一 VC 的信元群拥有相同的虚信道识别符 VCI（VC Identifier），属于同一 VP 的不同 VC 拥有相同的虚通道识别符 VPI，VCI 和 VPI 都作为信元头的一部分与信元同时传输。传输通道、虚通道 VP、虚信道 VC 是 ATM 中的三个重要概念，其关系如图 5-22 所示。

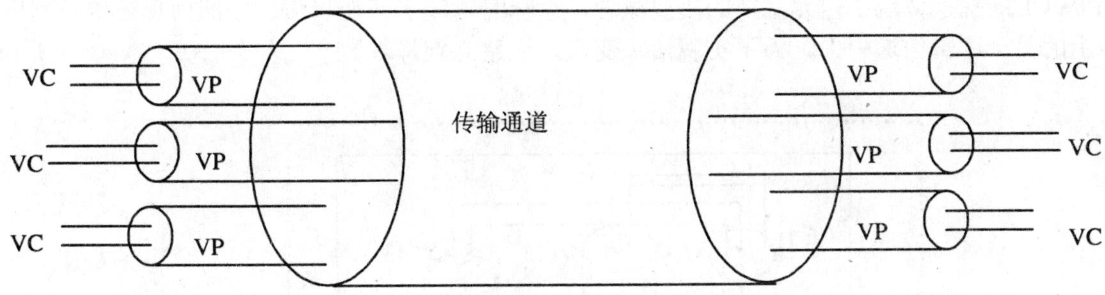

图5-22 虚通道与虚信道

ATM的呼叫接续不是按信元逐个地进行选路控制，而是采用分组交换中虚呼叫的概念，也就是在传送之前预先建立与某呼叫相关的信元接续路由，同一呼叫的所有信元都经过相同的路由，直至呼叫结束。其接续过程是：主叫通过用户网络接口UNI发送一个呼叫请求的控制信号，被叫通过网络收到该控制信号并同意建立连接后，网络中的各个交换节点经过一系列的信令交换后就会在主叫与被叫之间建立一条虚电路。虚电路是用一系列VPI/VCI表示的。在虚电路建立过程中，虚电路上所有的交换节点都会建立路由表，以完成输入信元VPI/VCI值到输出信元VPI/VCI值的转换。

虚电路建立起来以后，需要发送的信息被分割成信元，经过网络传送到对方。若发送端有一个以上的信息要同时发送给不同的接收端，则可建立到达各自接收端的不同虚电路，并将信元交替送出。

在虚电路中，相邻两个交换节点间信元的VCI/VPI值保持不变。此两点间形成一条VC链，一串VC链相连形成VC连接VCC（VC Connection）。相应地，VP链和VP连接VPC也以类似的方式形成。

VCI/VPI值在经过ATM交换节点时，该VP交换点根据VP连接的目的地，将输入信元的VPI值改为新的VPI值赋予信元并输出，该过称为VP交换。可见VP交换完成将一条VP上所有的VC链路全部送到另一条VP上，而这些VC链路的VCI值保持不变（如图5-22所示）。VP交换的实现比较简单，往往只是传输通道的某个等级数字复用线的交叉连接。

VC交换要和VP交换同时进行，因为当一条VC链路终止时，VP连接（即VPC）就终止了，这个VPC上的所有VC链路将各自执行交换过程，加到不同方向的VPC中去，如图5-23所示。

（2）ATM交换原理。

ATM交换是指ATM信元从输入端的逻辑信道到输出端的逻辑信道的消息传递。输出信道的确定是根据连接建立信令的要求在众多的输出信道中进行选择来完成的。

ATM逻辑信道具有两个特征：

- 物理端口（线路）编号
- VP与VC标识符

为了提供交换功能，输入物理端口必须与输出物理端口相关联；输入VPI/VCI与输出的VPI/VCI相关。

ATM交换系统执行三种基本功能：信头翻译、路由选择和排队

- 信头翻译：信头翻译主要是指VPI/VCI值的变换，即入VPI/VCI变换为出VPI/VCI。

VPI/VCI 的变换体现了信元交换的重要概念，意味着入线上某逻辑信道中的信息被传送到出线上的另一逻辑信道中去。为了实现信头变换，应建立翻译表。

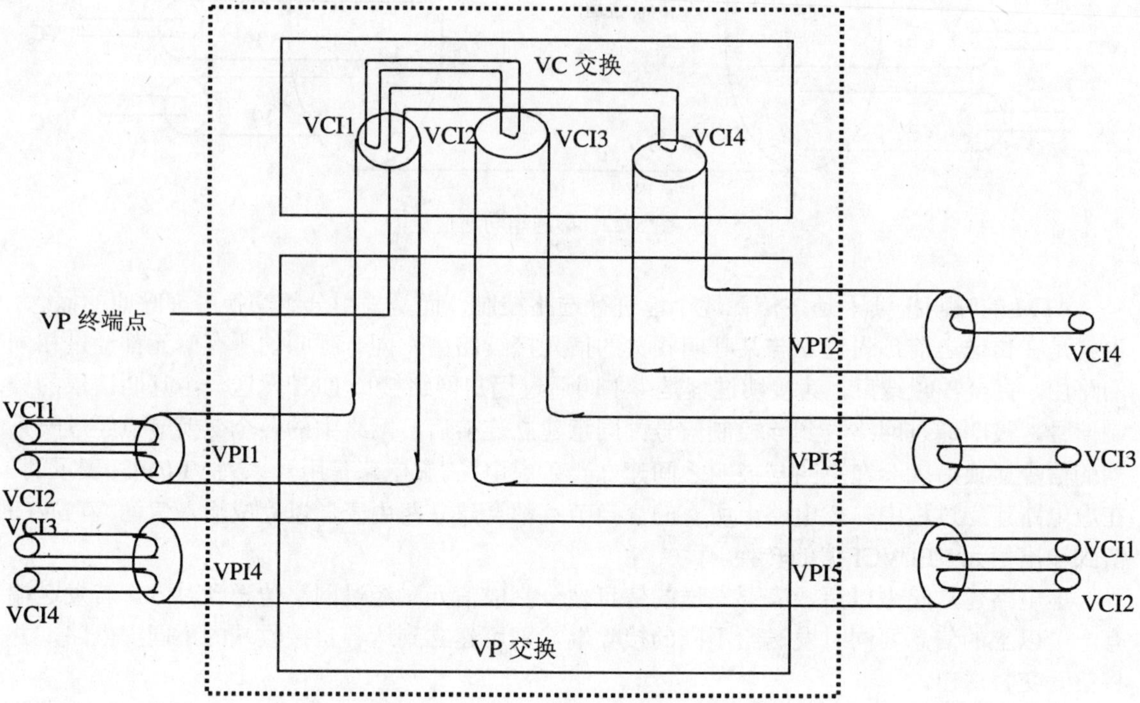

图 5-23　VP 交换和 VC 交换

● 路由选择：路由选择表示任一入线的信息可被交换到任一出线，具有空间交换的特征。信头变换加上选路功能，才能实现 ATM 交换结构的交换功能。这也就是说，在翻译表中从入线的 VPI/VCI 应能查到出线号码以及新的 VPI/VCI 值。这些是在连接建立阶段写入的。

● 排队：由于是统计复用的异步时分交换，在连接建立后的传送信息阶段，经常会发生在同一时刻有多个信元争抢公用资源的情况，例如争抢出线或交换结构中的内部链路。因此，ATM 交换系统需要有排队功能，以免在发生资源争抢时丢失信元。

ATM 交换结构应该能够完成两方面基本功能，一是空间交换，即将信元从一条传输线上交换到另一条上，又叫路由选择；另一功能是时间交换，即将信元从一个时隙转移到另一时隙。

ATM 交换机从基本构成上可分为接口模块、交换模块和控制模块，如图 5-24 所示。

接口模块位于交换机的边缘，为交换机提供对外的接口。接口模块可分为两大类，一类是 ATM 接口模块，提供标准的、ATM 接口；另一类是业务接口模块，提供与具体业务相关的接口。

ATM 接口模块完成物理层、ATM 层的功能。业务接口模块完成业务接口处理、AAL 层和 ATM 层的功能。业务接口的处理包括物理层、数据链路层甚至更高层的功能，如业务数据帧结构的识别、分离或组装用户数据和信令。业务信令经过分析转换为 ATM 信令，由交换机的控制模块进行处理，业务数据则根据不同的业务类型，进行不同类型的 ATM 适配。

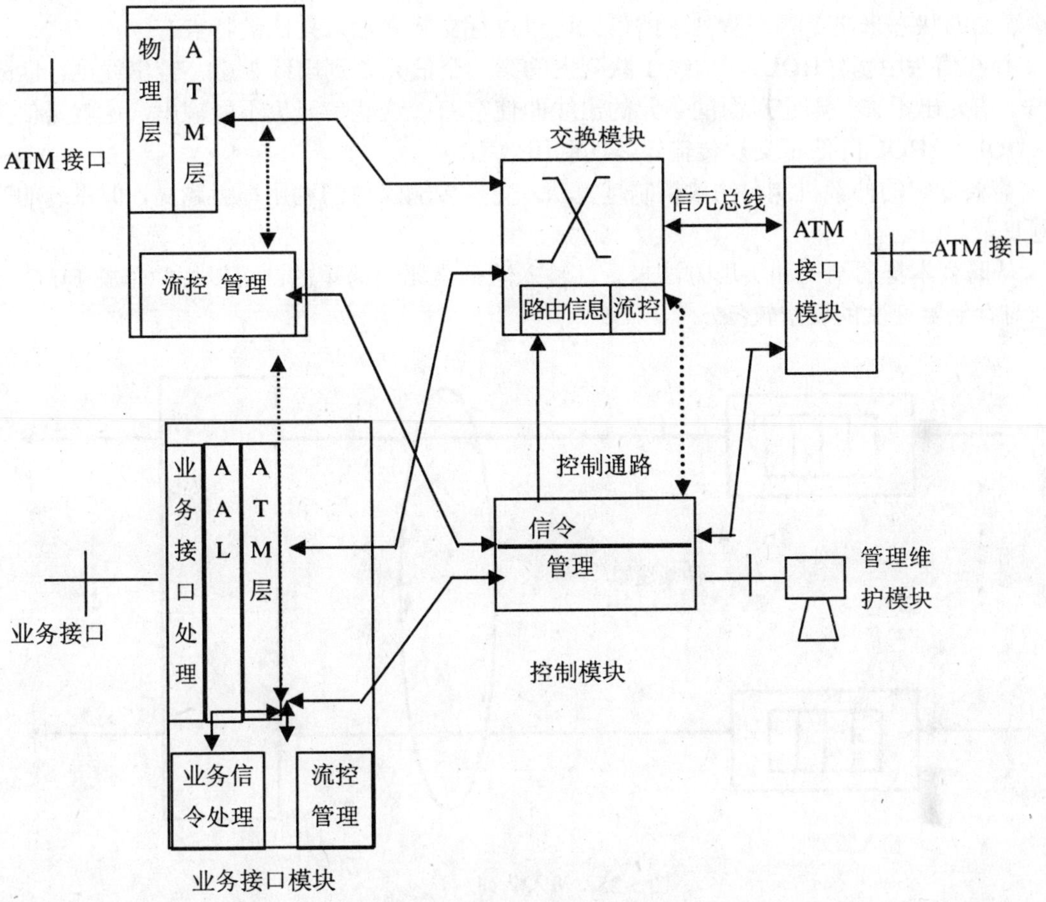

图 5-24 ATM 交换机的功能模块

交换模块是整个交换机的核心模块，它提供了信元交换的通路，通过交换模块的两个基本功能（排队和选路），将信元从一个端口交换到另一个端口上去，从一个 VP/VC 交换到另一个 VP/VC。交换模块还完成一定的流量控制功能，主要是优先级控制和 ABR 业务的流量控制。

控制模块是交换机的中央枢纽，它完成 ATM 信元处理、资源管理和流量控制中的连接接纳控制，以及设备管理、网络管理等功能。在实现时，设备管理和网管多在外接的管理维护平台上完成。

5.6.2 ATM 交换实现技术

（1）基本排队机制。

排队机制有三种：

输入排队

输出排队

中央排队

①输入排队中采用如图 5-25 所示的方法来解决输入端可能出现的竞争问题。在输入线上

设置队列，对信元进行排队，由一个仲裁机构根据各输出线的忙闲、输入队列的状态、交换传输媒体的状态来决定哪些队列中的信元可以进行交换。输入排队的特点有：

- 存在信头阻塞（HOL），如线 1 队列上的第一个信元要到出线 2 上，若出线忙，队列的第一个信元出不去，则它后面的信元的出线即使空着，这些信元也不能输出，这就是信头阻塞（HOL）。HOL 降低了交换传输媒体的利用效率。
- 需要专门的仲裁机制。仲裁机制越复杂，交换传输媒体的利用率就越高，但系统的实现就越复杂。
- 从队列本身的结构和实现方法来看，输入队列是比较简单的，可以用简单的 FIFO 来实现，对存储器速度的要求较低。

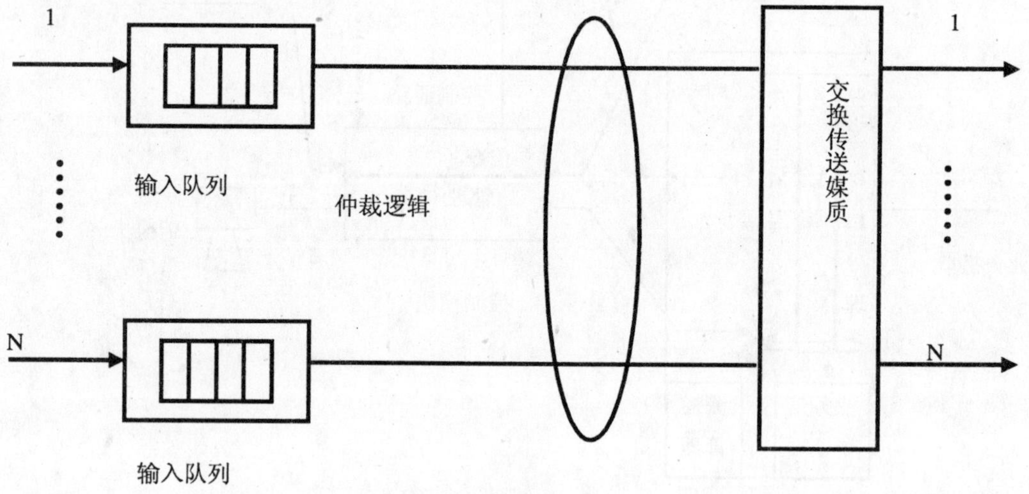

图 5-25 输入队列

②输出排队中，交换传输媒体本身可保证输入的任一个信元都可以被交换到输出端，但输出线的速率是有限的，所以要在输出端进行排队，解决输出线的竞争。输出队列有以下特点。

- 输出队列的控制比较简单，在输出队列中，只需判断信元的目的输出线，由交换传输媒体将信元放到相应的输出队列中就可以了(见图 5-26)。

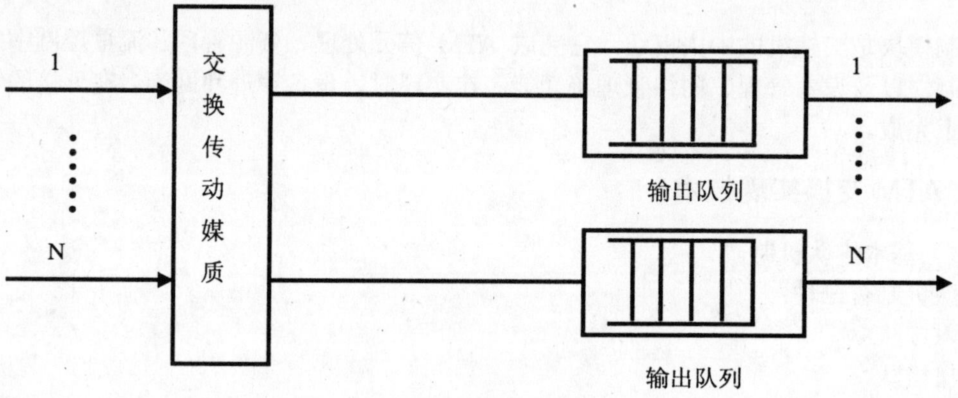

图 5-26 输出队列

• 输出队列本身的管理比较简单。输出队列可以由FIFO实现，但它要求存储器的速度较高，极端的情况是，N个入线的信元都要求输出到同一条出线，为保证无信元丢失，要求存储器的写速率是入线速率的总和。

• 输出队列的利用率较低。为达到同样的信元丢失率，输出队列要求更大的存储空间，因为一个输出队列只为一个输出线利用，每个队列都需要按照最坏的情况设计存储容量。

③中央排队机制中，交换传输媒体分为两部分，队列设在两个交换传输媒体中间，所有入线和出线共用一个缓冲器，所有信元都经过这一个缓冲器进行缓存（图5-27）。

中央排队的特点是：

• 存储管理复杂。由于存储器不再由一个输入、输出线所用，所以队列不能用简单的FIFO实现，而必须用随机寻址的存储器来实现，还有一套复杂的管理机制。

• 存储器利用率高。由于存储器有所有虚连接共享，相当于对每一个输入、输出线都有一个长度可变的队列。

• 对存储器的速度要求是三种方式中最高的。输入、输出端的存储器读写速度都必须是所有的端口速率之和。

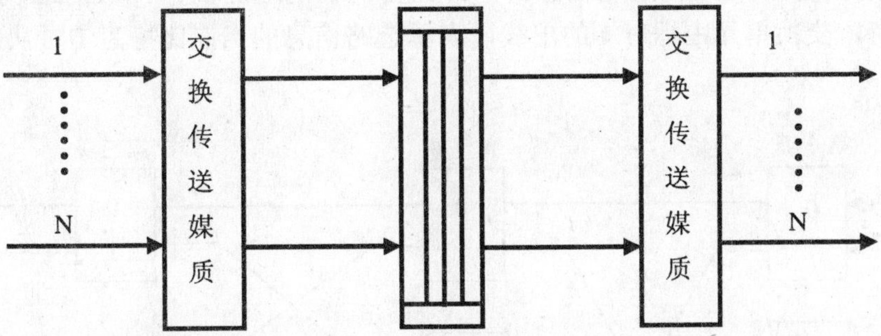

图5-27 中央排队

（2）ATM交换结构。

交换的实质是将某条入线的信息输出到特定的出线上。

①空分交换结构。

ATM交换的最简单构建方法是将每一条入线和每一条出线相连接，在每条连接线上装上相应的开关，根据信头VPI/VCI决定相应的开关是否闭合来实现特定输入和输出线路的接通，也就是将某入线上信元交换到出线上。

出线冲突时的入线选择策略：当来自多条入线的信元同时竞争一条出线时，只有一个信元可以传送，其他信元将被延迟，因此，就必须采用仲裁机制去选择“获胜信元”。

• 随机法：随机地从多条竞争的入线中选取一条入线，传送该入线上的信元。

• 固定优先级法：每条入线都有固定的优先级，不同优先级的入线发生出线冲突时，优先级高的入线获得发送信元的权利。

• 轮换优先级法：也称周期策略，即每条入线的优先级并不是固定不变的，而是轮流拥有最高优先级。

• 缓存区状态确定法：ATM交换机必须设置缓存区以放置无法立即交换的信元，根据缓存区的溢满程度选择传输的信元。

• 信元状态确定法：根据信元丢失率 CLP 值的不同确定信元服务的先后顺序，如果信元优先级相同可以采用随机法、固定优先级法或是缓存区状态法以确定具体服务的信元。

阻塞信元的处理——缓存存储方法。

对于交换单元无法立刻服务的信元，可以采用缓存存储方法（也称排队方法）将这部分信元暂时缓存，等待下一次服务。

在空分交换结构中，输入和输出端口之间有一组通路，这些通路并行工作使不同输入端口的信元可以同时由交换单元传送。这样交换单元的总容量就是每个通路的带宽乘以并行传送一个信元的通路平均数之积。因此，理论上采用空分交换结构的 ATM 交换机的总容量没有上限。空分交换结构可分为全互连网和多极互连网（MIN）。

在 ATM 交换机中利用多级互连网将一些相同结构的小容量交换单元，构成一个大容量的交换结构。交换单元是一个独立的交换单位，多为一个或一组交换芯片，可以完成4×4、8×8、16×16 等容量的交换，实现方式多种多样，如可以采用共享存储器、全互连网结构。目前比较流行的连接各个交换单元的多级互连网是 Banyan 网，如图 5-28 所示。

图 5-28 所示是一种形式的 Banyan 网，它的基本单元是 2×2 的交换单元。这是一种自选路由的网络，以目的地址为选路信息，有 N 比特的目的地址就有 N 级网络，每级解释选路信息的 1 比特，交换单元中标有 1 的出线，表示选路信息的当前比特为 1 时从此线出。

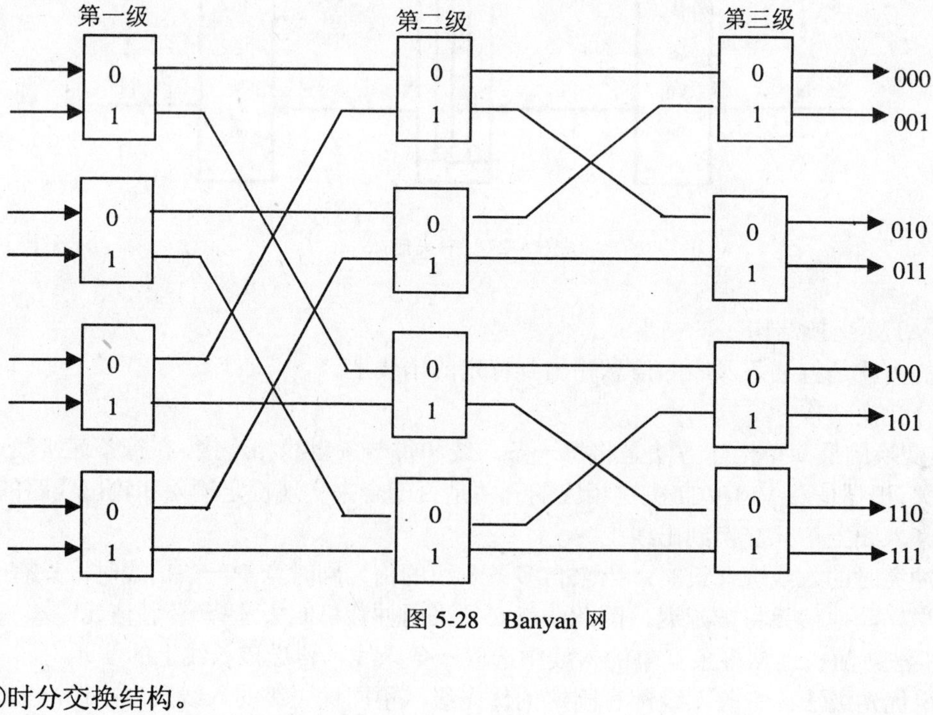

图 5-28　Banyan 网

②时分交换结构。

ATM 本质是异步时分（Asynchronous Time Division，ATD）复用，它将信道分成等长的时隙，时隙中填充等长的分组，借鉴同步时分复用中的时分交换概念，人们设计了异步时分的交换结构。

时隙交换器（Time Slot Interval，TSI）是时分交换结构中的关键组成单元。

• 输入时隙：时隙数和输入线路数相等，每个时隙中装载的信息包括两部分内容：输出线路编号和该输入时隙号对应的入线上的传输信息。

- 输出时隙：时隙数和输出线路数相等，每个时隙中装载的是相应入线上的信息，输出时隙方框中填写的是对应的入线时隙编号，实际只是存放相应的信息。
- 缓存区：完成将输入时隙中的信息交换到特定的输出时隙中。

③总线交换结构。

总线是指所有通信部件间的公共连线，通信部件间的信息交换全部通过总线提供的通道来完成。基于总线机制的ATM交换单元的构造如图5-29所示，所有入线和出线都连接到总线上，总线通过总线管理器进行管理。在计算机局域网总线结构中，采用各计算机站点自主监视总线上是否有信息传送的方法。在上述两种总线仲裁机制（内部总线结构和局域网总线结构）中，一方面是总线上传送的负载不均衡性（计算机内部通信中CPU占用总线的绝大多数时间并处于管理位置，计算机局域网中数据传输呈现突发的特性）；另一方面是它们一般工作在较低速率下，例如，计算机内部总线速率为33Mbit/s，而局域网则在100Mbit/s，远低于ATM交换机的传输速率，所以ATM总线交换结构不能简单地采用上述两种总线仲裁机制来解决总线的占用传输。为了减轻总线的负担，可以采用多总线的方法。在ATM交换单元中使用多组总线而不是一组总线，如图5-30所示。

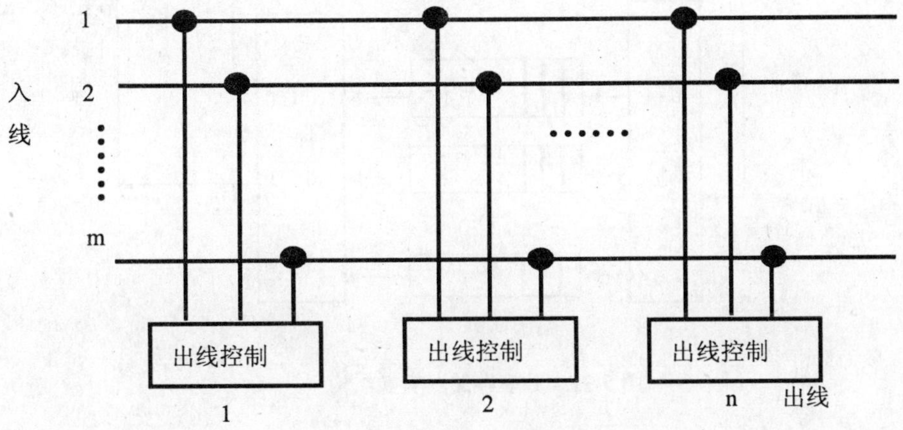

图5-29 总线机制交换单元

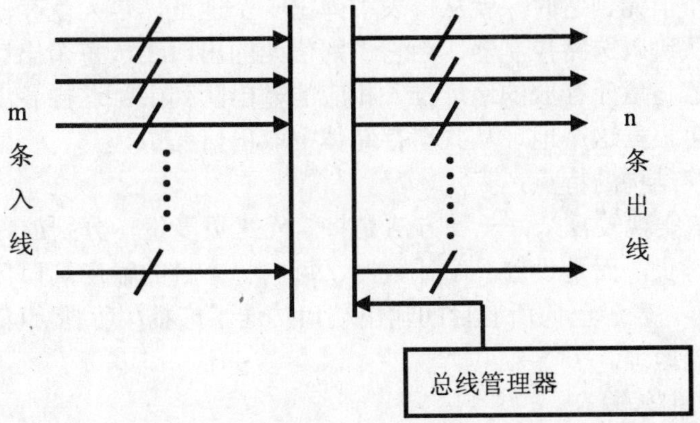

图5-30 多总线ATM

④令牌环交换结构。

令牌环结构是高速局域网所采用的一种信息交换形式。所有入线、出线和环形网络相连，如果环的传输容量等于所有入线容量之和，可以采用开槽（时隙）方法，为每个入线分配时隙，入线在相应的时隙将其上的信元送上环路，而在任意出线处进行 VPI/VCI 判断，查看信元是否由该出线接收。

⑤共享存储器交换结构。

共享存储器的交换结构如图 5-31 所示，它一般由路由选择、存储器控制、信元传输媒体和中央存储器构成。

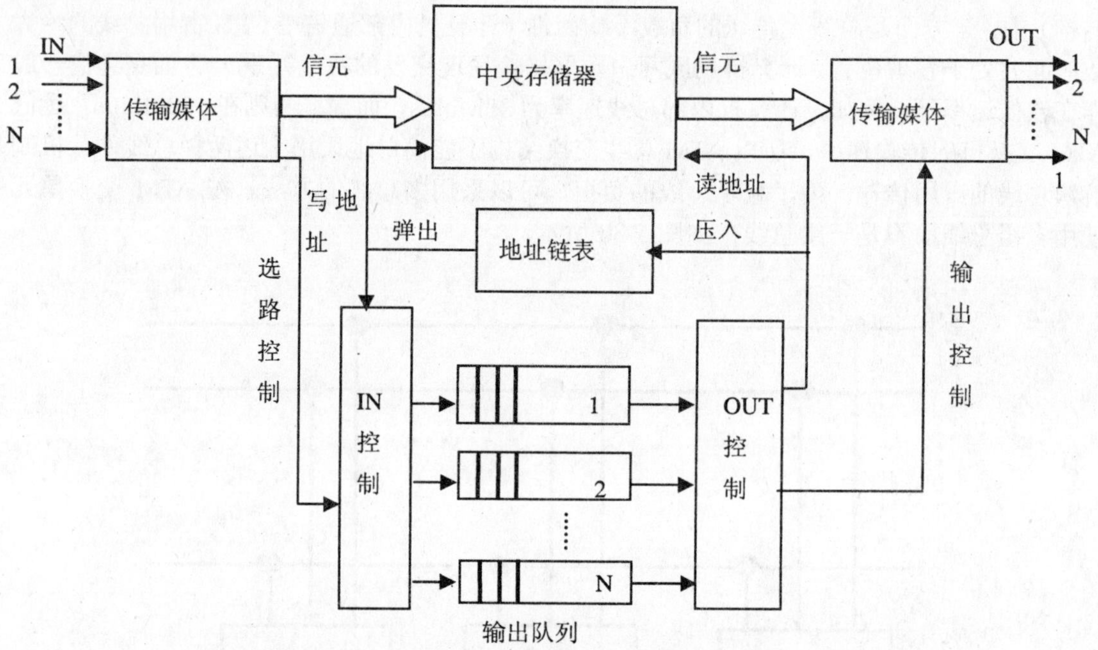

图 5-31　共享存储器交换结构

共享存储器交换结构的交换容量由存储器的容量决定。目前典型的共享存储器交换结构都采用共享输出队列的排队机制。采用地址链表管理存储器。地址链表中存放着共享存储器的空闲地址，当一个信元到达时，就从链表中弹出一个地址，信元就存储在这个地址所指的存储区中；同时信头进入选路控制器，由它识别信元的出口线，每个出口线都对应着一个输出队列，选路控制器将信元存放的地址推入相应的输出队列中，这样各出口线只要从输出队列中取出地址，就可根据这个地址从共享存储体中取出信元了。

共享存储器交换结构的特点：

- 点到多点通信实现较复杂，一种方法是将信元拷贝多份，分别放入各个队列中；一种方法是不进行信元拷贝，而是设置一个计数器，每向一个目的输出端口传送一次信元，计数器就减一，一直到零，表示已向所有目的输出端口传送了广播/点到多点信元，这时才可释放该信元所占用的存储地址。
- 存储器控制机制较复杂。
- 由于存储器是一种非常通用的器件，并且存储器电路设计具有重复性，所以共享存储器交换结构从成本和交换容量上比共享总线结构要好。

- 存储器为所有输出共享，所以存储器利用率较高。
- 共享存储器结构本身也是无阻塞的，信元丢失只发生在队列溢出时。

在共享存储器交换结构中，排队管理的方式决定了共享内存的利用效率。目前较流行的排队管理如图5-32所示。在图中所示的例子中，每个输出端口对应4个队列，每个队列一个优先级。除了输出队列外，还有CPU队列，用来存放需要送到CPU的信令、OAM、网管等信元。在共享内存中，为每一个队列设置少量的保留内存，不论该内存是否使用都为其保留。这种内存部分共享方式的内存管理效率比内存全部共享方式的利用率要低，但是不会出现一个或几个队列把共享内存全部占据的情况。

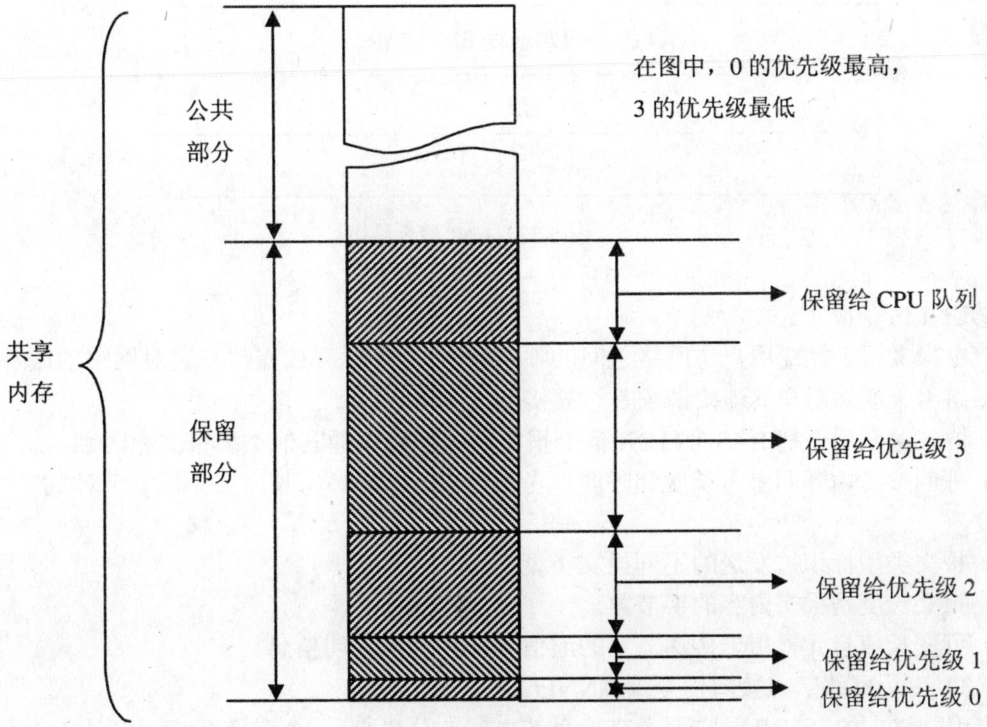

图5-32 共享存储器的排队

5.6.3 ATM信令

（1）信令方式。

通信网络中的信令是动态地建立、维持和终止连接的一组过程，需要在用户和交换节点之间以及交换节点与交换节点之间进行信息交换。用户网络接口（UNI）是ATM端点站和网络之间的分界点。

网络节点接口（NNI）是两个公用网络之间的分界点，也可以是两个专用网络的分界点，还可以是一个交换机到交换机的接口。

（2）用户网络接口信令。

①UNI信令又称为网络接入信令，用于在网络边缘（即在ATM端点站和公用的或专用

的网络之间）动态地建立、维持和终止连接。UNI 信令是用户操作的可见部分，实现用户和网络的交互，完成所有与用户通信有关的操作。UNI 信令结构如图 5-33 所示。

图 5-33 UNI 信令结构

②UNI 信令报文。

信令报文用于完成用户与网络之间的呼叫建立、保持、释放操作和它对网络的服务需求，还被网络用于通知用户其连接请求是否被接受。

- 协议鉴别用于把 B-ISDN UNI 信令报文跟其他协议的其他类型报文相区别。
- 呼叫参考由呼叫参考长度和呼叫参考值组成，呼叫参考长度表示以字节计的呼叫参考值长度。
- 报文类型标识被发送的不同报文类型。
- 报文长度是报文内容的字节数。
- 可变长信息元素用于传递需要的通信参数和其他说明信息。

（3）专用网络节点接口信令（P-NNI）。

专用网络中的 P-NNI 是在两个交换系统之间的分界点。一个交换系统可以是在一个 ATM 网络中的单个交换机，也可以是在一个机构管理之下的一组交换机。

（4）公用网络节点接口信令。

服务提供者网络与专用网络有很大的不同。传统上，服务提供者网络是电路交换网络，并且主要提供语音服务（也提供传真和调制解调器业务）。

（5）端到端的信令过程。

①信息元素。

为了启动交换虚连接的信令过程，源端点站通过它的 UNI 接口使用 UNI 信令向网络发送一个 SETUP（建立）报文。

- 被呼方信息元素：目的地 ATM 端点站。
- ATM 流量描述符：描述前向和后向通路的业务流的一组流量参数。前向和后向通路的值可以不同。
- 宽带承载能力：描述用户应用请求这一连接的服务类型。

● 服务质量参数：连接的 QoS 类别。

②信令过程描述

● 在收到 SETUP 报文时，ATM 交换机必须做的第一件事是定位目的地端点站，它通常采用某种类型的目录服务来完成这一任务。

● 一旦确定了通路，源交换机就着手使用某种类型的内部信令建立端到端的连接（在某些专用的扩展之后也可以使用 P-NNI 信令）。

● 目的地端点站接收和处理该 SETUP 报文。

5.6.4 ATM 交换的特点

ATM 交换具有以下特点：

（1）采用统计时分复用。

传统的电路交换中用 STM（Synchronous Transfer Mode）方式将来自各种信道上的数据组成帧格式，每路信号占固定比特位组，在时间上相当于固定的时隙，即属于同步时分复用。在 ATM 方式中保持了时隙的概念，但是采用统计时分复用的方式，取消了 STM 中帧的概念，在 ATM 时隙中存放的实际上是信元。

（2）以固定长度（53 字节）的信元为传输单位，响应时间短。

ATM 的信元长度比 X.25 网络中的分组长度要小得多，这样可以降低交换节点内部缓冲区的容量要求，减少信息在这些缓冲区中的排队时延，从而保证了实时业务短时延的要求。

（3）采用面向连接并预约传输资源的方式工作。

在 ATM 方式中采用的是虚电路形式，同时在呼叫过程向网络提出传输所希望使用的资源。考虑到业务具有波动的特点和网络中同时存在连接的数量，网络预分配的通信资源小于信源传输时的峰值速率（PCR）。

（4）在 ATM 网络内部取消逐段链路的差错控制和流量控制，而将这些工作推到了网络的边缘。

X.25 运行环境是误码率很高的频分制模拟信道，所以 X.25 执行逐段链路的差错控制。又由于 X.25 无法预约网络资源，任何链路上的数据量都可能超过链路的传输能力，因此 X.25 需要逐段链路的流量控制。而 ATM 协议运行在误码率较低的光纤传输网上，同时预约资源保证网络中传输的负载小于网络的传输能力，ATM 将差错控制和流量控制放到网络边缘的终端设备完成。

（5）ATM 支持综合业务。

ATM 充分综合了电路交换和分组交换的优点，既具有电路交换“处理简单”的特点，支持实时业务、数据透明传输，在网络内部不对数据作复杂处理，采用端-端通信协议；又具有分组交换的特点，如支持可变比特率业务，对链路上传输的业务采用统计时分复用等。所以 ATM 支持话音、数据、图像等综合业务。

5.6.5 ATM 通信量管理

（1）服务质量。

服务质量在 ATM 网络中是一个重要的话题，这是因为 ATM 网络都是用作实时传输的，比如音频和视频。当一条虚电路建立时，传输层（典型地为主机中的一个进程，“客户”）和 ATM 网络层（例如：一个网络操作者，也即“运载提供者”）都要遵守一个定义服务的协定。

协定的第一部分是通信量描述符（traffic descriptor），它描述要提供的载荷。协定的第二个部分指定客户所要求的和通信提供者同意的服务质量。无论是载荷还是服务，都是要以可度量的数量来描述的，这样约定就可以被客观地决定。

为了使具体的通信量协定成为可能，ATM 标准定义了一系列的服务质量 QoS（Quality of Service），客户和通信提供者可以协商这些参数的值。对于每一个服务质量参数，其最差情况下的值被指定了，要求通信提供者必须要达到或者超过该值。在某些情况下，参数是一个最小值，而在另外一些情况下它是一个最大值。也是在这里，服务质量在每个方向上都是单独指定的。其中一些比较重要的列在表 5-6 中，但它们并不是对所有的服务类型都适用。

表 5-6　**一些服务质量参数**

参数	缩写词	含义
峰值信元速率	PCR	信元发送的最大速率
持续信元速率	SCR	长时间的平均信元传输速率
最小信元速率	MCR	最小的可接受的信元传输速率
信元延迟变化极值	CDVT	最大的可接受的信元抖动
信元丢失比率	CLR	信元丢失或提交得太迟的比例
信元传送延迟	CTD	信元提交时拖延的时间（中间值和最大值）
信元延迟变化	CDV	信元提交时间的变化幅度
信元错误比率	CER	提交无错信元的比例
严重错误信元块比率	SECBR	出错信元的比例
信元错误目的地比率	CMR	信元提交至错误目的地的比例

（2）通信量整形和控制。

使用和增强服务质量参数的机制是基于（部分地）一种特定的算法，也即通用信元速率算法 GCRA（Generic Cell Rate Algorithm）。它的工作原理是检查每一个信元，看是否遵从了虚电路的参数。

GCRA 有两个参数，它们指定了最大允许到达率（PCR）和其中可以忍受的到达时间变化量（CDVT）。PCR 的倒数，T=1/PCR 是最小信元到达间隔值。

GCRA 算法被称为虚拟调度算法（virtual scheduling algorithm），然而从另一种角度来看，它等同于一个漏桶算法。可把一个合乎协定的信元想象成是倒入一个漏桶 T 单位的流体。这个桶以 1 单位/μs 的速度漏液体，因此 Tμs 之后它就空了。如果信元正好是以 1 信元/Tμs 的速度到达，那么每一个到达的信元都会发现桶刚刚空出来，该信元会把桶内重新装上 T 单位的液体。因此当一个信元到达时，液体水位升至 T，以后就线性递减直到为零。

当一个信元提前 Lμs 到达时，桶就应该溢出。对于一给定的 T，如果我们把 L 设置得很小，桶的容量将会很难超过 T，因此所有的信元必须以一种非常规范的间隔顺序发送。然而，如果我们现在增加 L 的值，使它远远大于 T，桶将会容纳很多的信元，因为 T+L>>T。这就意味着发送者可以以峰值速率一个接一个地发送一些突发性数据，而它们仍然能够被正确地接收。

GCRA 正常情况下是通过给定参数 T 和 L 来指定的。T 正好是 PCR 的倒数；L 就是 CDVT。

GCRA 也用来保证在任何一段较长时间内平均信元传输速率不会超过 SCR。

除提供了一条规则来看哪一个信元是合乎协定的，哪一个是不合乎协定的之外，GCRA 也用于通信整形，以消除某些突发性传输。CDVT 越小就意味着越好的平滑效果，但也增大了因为不合乎协定而丢弃信元的几率。在一些实现中把 GCRA 漏桶和一个令牌桶结合起来，以提供进一步的平滑。

（3）拥塞控制。

ATM 网络既要处理由于大于系统处理能力的通信量而引起的长期拥塞，又要处理由于通信中的突发性传输而引起的短期拥塞。结果人们使用了几种不同的策略。它们当中最重要的可分为 3 类：

①许可证控制。

很多 ATM 网络中有以固定速率产生数据的实时通信源。告诉这一类的通信源减慢发送速率是行不通的（想象一种有一个红灯的新型数字电话。当通知拥塞发生时，红灯就会亮，讲话者将被要求速率减慢 25%）。

因此，ATM 网络把防止拥塞发生放在第一的位置。然而，对于 CBR、VBR、UBR 类通信量，根本就没有动态拥塞控制，因此在这里预防拥塞发生将远远比拥塞发生后再去恢复强得多。预防拥塞的一个主要工具是许可证控制。当一台主机需要一条新的虚电路时，它必须描述出希望被提供的通信和服务，网络便做出检查来看是否有可能，在不对已存在连接造成有害影响的前提下处理该连接。可能需要检查多条可能的线路，从而发现哪一条将可以做此项工作。

②资源预订。

同许可证控制密切相关的是事先预定资源的技巧，这通常是在呼叫建立时进行。因为通信量描述符给出了信元发送峰值速率，网络就有可能沿通路预留足够的带宽来处理该峰值速率。

③基于速率的拥塞控制。

在 CBR 和 VBR 通信中，因为信息源固有的实时和半实时的特性，所以即使在发生拥塞的情况下，一般也不可能让发送者减慢发送速率。在 VBR 服务中，没有人会担心。如果有太多的信元，把多出来的丢弃掉就是。

在 ABR 通信中，网络去通知一个或多个发送者并且请求它们暂时减慢发送速率直到网络恢复，这是可能的也是合理的。

怎样检测、通知和控制 ABR 通信中的拥塞是 ATM 标准发展过程中的一个热门话题，问题集中在以下两个方面：一是基于信用的解决方案，一种是基于速度的解决方案。

交换机厂商们反对基于信用的解决方案。他们不想进行所有计算而记住这些信用，同时，也不想预先提供很多缓冲区，并认为所需要的开销总量太大。因此，采用了基于速度的拥塞控制系统。其基本模型是每个发送端在 k 信元数据之后传送一个特殊的资源管理 RM（Resource Management）信元。这个信元的传输通路与 k 信元相同，但是它由交换机进行特殊处理。当 RM 信元到达接收端时，对它进行检测、修改并且再将它发送回发送端。另外，还提供了其他两种拥塞控制装置。第一种是超载荷交换机能够自发地产生 RM 信元，并将它们发送回发送端。第二种是超载荷交换机能够对从发送端传送到接收端的信元数据设置其中间 PTI 位的值。当然这两种方法没有一个是完全可靠的。

小　结

本章介绍了 ISDN 交换及 ATM 交换的相关知识。ISDN 是以电话综合数字网为基础发展而成的通信网，能提供端到端的数字连接，可承载话音和非话音业务，用户能够通过多用途用户——网络接口接入网络。ISDN 采用数字传输和数字交换技术，将电话、传真、数据、图像等多种业务综合在一个统一的数字网络进行传输和处理，向用户提供基本速率（2B+D，144Kbit/s）和一次群速率（30B+D，2Mbit/s）两种接口。基本速率接口包括两个能独立工作的 B 信道（64Kbit/s）和一个 D 信道（16Kbit/s）。其中 B 信道一般用来传输话音、数据和图像，D 信道用来传输信令或分组信息。

ISDN 能够向用户提供三大类业务：承载业务（与用户终端类型无关）；用户终端业务（如数字电话、四类传真、数据通信、视频通信等）；丰富的补充业务（如主/被叫用户号码识别显示/限制、呼叫等待、呼叫转移、多用户号码、子地址、三方通信等）。

ATM 是一项数据传输技术。它具有高速数据传输率和支持许多种类型如声音、数据、传真、实时视频、CD 质量音频和图像的通信。ATM 真正具有电路交换和分组交换的双重性。ATM 面向连接,它需要在通信双方建立连接,通信结束后再由信令拆除连接。但它摈弃了电路交换中采用的同步时分复用，改用异步时分复用，收发双方的时钟可以不同，可以更有效地利用带宽。ATM 的传送单元是固定长度 53byte 的 CELL（信元），信头部分包含了选择路由用的 VPI/VCI 信息，因而它具有交换的特点。它是一种高速分组交换，在协议上它将 OSI 第三层的纠错、流控功能转移到智能终端上完成，降低了网络时延，提高了交换速度。

习　题

1.ISDN 的基本特征是什么？

2.ISDN 具有哪些业务？

3.ISDN 用户-网络接口的功能群如何定义？

4.请说出 ISDN 的信道结构。

5.请简单介绍 ISDN 的各项协议。

6.请说出 ATM 信元结构。

7.ATM 具有哪些特点？

8.ATM 协议参考模型中物理层的作用是什么？

9.简单介绍 ATM 中的虚通道和虚信道。

10.ATM 的地址格式是什么样的？

11.ATM 的排队方式有哪些？

12.ATM 的交换特点是什么？

第6章 路由与IP交换技术

6.1 TCP/IP协议

TCP/IP协议（Transmission Control Protocol/Internet Protocol）叫做传输控制/网际协议，又叫网络通信协议，这个协议是Internet国际互联网络的基础。

TCP/IP是网络中使用的基本的通信协议。虽然从名字上看TCP/IP包括两个协议，传输控制协议（TCP）和网际协议（IP），但TCP/IP实际上是一组协议，它包括上百个各种功能的协议，如：远程登录、文件传输和电子邮件等，而TCP协议和IP协议是保证数据完整传输的两个基本的重要协议。通常说TCP/IP是Internet协议簇，而不单单是TCP和IP，如图6-1所示。

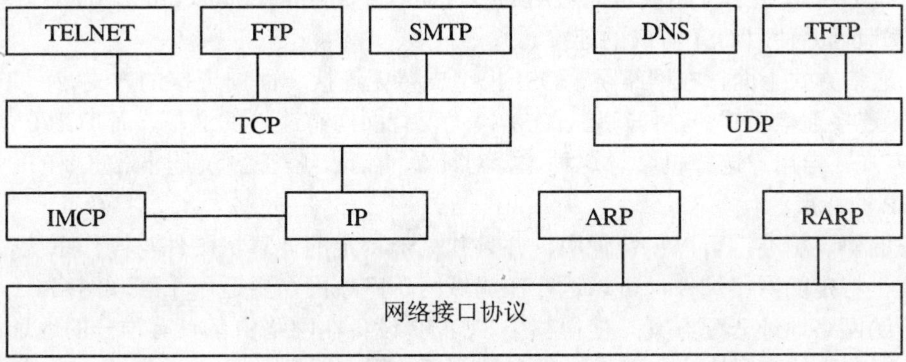

图6-1 TCP/IP协议簇

6.1.1 TCP/IP的网络体系结构

TCP/IP共分五层，与OSI七层模型相比，表示层与会话层的功能由应用层提供。同时，TCP/IP分层协议模型在各层名称定义及功能定义等方面与OSI模型也存在着差异，如图6-2所示。

两种模型的比较：

（1）分层模型存在差别。TCP/IP模型没有会话层和表示层，并且数据链路层和物理层合二为一。造成这样区别的原因在于：前者是以“通信协议的必要功能是什么？”这个问题为中心，再进行模型化；而后者是以“为了将协议实际安装到计算机中如何进行编程最好？”这个问题为中心，再进行模型化。所以，TCP/IP的实用性强。

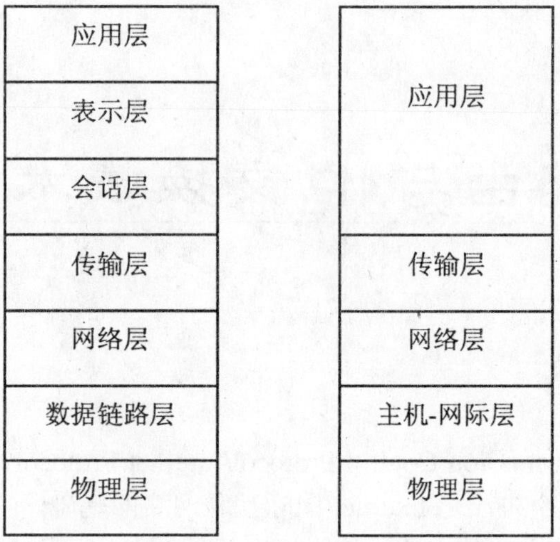

图 6-2　TCP/IP 与 OSI 参考模型的比较

（2）OSI 模型有 3 个主要明确概念：服务、接口、协议。而 TCP/IP 参考模型最初没有明确区分这三者。这是 OSI 模型最大的贡献。

（3）TCP/IP 模型一开始就考虑通用连接（Universal Interconnection），而 OSI 模型考虑的是由国家运行并使用 OSI 协议的连接。

（4）通信方式上面，在网络层，OSI 模型支持无连接和面向连接的方式，而 TCP/IP 模型只支持无连接通信模式；在传输层，OSI 模式仅有面向有连接的通信，而 TCP/IP 模型支持两种通信方式，给用户选择机会。这种选择对简单的请求-应答协议是非常重要的。

TCP/IP 的特点：

- 开放的协议标准，可以免费使用，并且独立于特定的计算机硬件与操作系统。
- 独立于特定的网络硬件，可以运行在局域网、广域网，更适用于互联网络。
- 统一的网络地址分配方案，使得整个 TCP/IP 设备在网络中都具有惟一的地址。

（5）标准化的高层协议，可以提供多种可靠的用户服务。

6.1.2　TCP/IP 模型各层功能

（1）主机-网际层，又称为网络接口层，模型的基层是网络接口层。没有数据链路层和物理层，此层负责数据帧的发送和接收，帧是独立的网络信息传输单元。网络接口层将帧放在网上，或从网上把帧取下来。

（2）网际层，其功能是使主机可以把分组发送至任何网络并使分组独立的传向目标（可能经由不同的网络）。互联协议将数据包封装成 internet 数据包，并运行必要的路由算法。

（3）传输层，其功能是使源端和目标端主机上的对等实体可以进行会话，它定义了两个端到端的协议：

- TCP 协议（Transmission Control Protocol 传输控制协议），在一对 ULP（Upper Level Protocol 高层协议）之间提供面向连接的传输服务。
- UDP 协议（User Datagram Protocol），用于不需要 TCP 的排序和流量控制能力而自己完成这些功能的应用程序，它所提供的服务不确认报文是否到达、不对报文排序、不进行流量控制。

（4）应用层，它包含所有的高层协议，主要有：

- 虚拟终端协议（TELNET）：允许一台机器上的用户登录到远程机器上并且进行工作。
- 文件传输协议（FTP）：提供有效的把数据从一台机器移到另一台机器的方法。
- 电子邮件协议（SMTP）：最初仅用于文件传输，后来增加了其他协议：用于把主机名映射到网络地址的域名服务(DNS)；用于传递新闻文章的NNTP协议；用于在万维网(WWW)上获得主页的HTTP协议。

6.2 路由器工作原理

路由器互联与网络的协议有关，我们讨论限于TCP / IP网络的情况。

路由器工作在OSI模型中的第三层，即网络层。路由器利用网络层定义的“逻辑”上的网络地址（即IP地址）来区别不同的网络，实现网络的互联和隔离，保持各个网络的独立性。路由器不转发广播消息，而把广播消息限制在各自的网络内部。发送到其他网络的数据先被送到路由器，再由路由器转发出去。

图6-3给出一个连接两个网络路由器的基本组织结构示例。图6-3中的网络1和网络2可以是以太网、令牌总线网、令牌环网或广域网，这些网络通过路由器进行互联。

路由器乍看起来好像是一种复杂的设备，实际上它也是一台计算机，只是多了一些连接不同网络介质类型的网卡而已，并且其基本操作也非常简单。

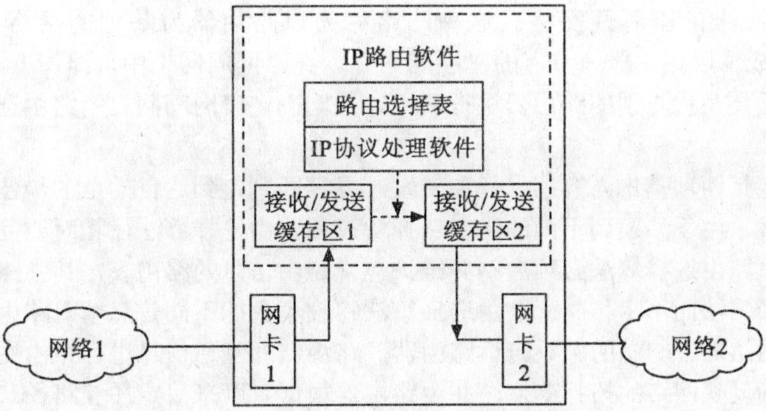

图6-3 路由器的基本结构

6.2.1 路由器的功能

（1）在网络间截获发送到远端网络段的报文，起转发的作用。

（2）选择最合理的路由，引导通信。路由器要按照某种路由通信协议，查找路由表。路由表中列出整个互连网络中包含的各个节点、节点间的路径情况以及与它们相联系的传输费用。如果到特定的节点有一条以上的路径，则基于预先确定的准则选择最优路径。网络中的每个路由器按照一定的规则动态地更新它所保持的路由表，以便及时地保持有效的路由信息。

（3）路由器在转发报文的过程中，为了便于在网络间传送报文，按照预定的规则把大的数据包分解成适当大小的数据包，到达目的地后再把分解的数据包包装成原有形式。

（4）多协议的路由器可以连接使用不同通信协议的网络段，作为不同通信协议网络段的连接平台。

（5）路由器的主要任务是把通信引导到目的地网络，其次是到达特定的节点站地址。

6.2.2 路由器的报文转发原理

当 IP 子网中的一台主机发送 IP 分组给同一 IP 子网的另一台主机时，它将直接把 IP 分组送到网络上，对方就能收到。而要送给不同 IP 子网上的主机时，它要选择一个能到达目的子网上的路由器，把 IP 分组送给该路由器，由路由器负责把 IP 分组送到目的地。如果没有找到这样的路由器，主机就把 IP 分组送给一个称为“缺省网关（default gateway）”的路由器上。“缺省网关”是每台主机上的一个配置参数，它是接在同一个网络上的某个路由器端口的 IP 地址。

路由器转发 IP 分组时，只根据 IP 分组目的 IP 地址的网络号部分，选择合适的端口，把 IP 分组送出去。同主机一样，路由器也要判定端口所接的是否目的子网，如果是，就直接把分组通过端口送到网络上，否则，也要选择下一个路由器来传送分组。路由器也有它的缺省网关，用来传送不知道往哪儿送的 IP 分组。这样，通过路由器把知道如何传送的 IP 分组正确转发出去，不知道的 IP 分组送给“缺省网关”路由器，这样一级级地传送，IP 分组最终将送到目的地，送不到目的地的 IP 分组则被网络丢弃了。

目前 TCP / IP 网络，全部是通过路由器互连起来的，Internet 就是成千上万个 IP 子网通过路由器互连起来的国际性网络。这种网络称为以路由器为基础的网络（router based network），形成了以路由器为节点的“网间网”。在“网间网”中，路由器不仅负责对 IP 分组的转发，还要负责与别的路由器进行联络，共同确定“网间网”的路由选择和维护路由表。

路由动作包括两项基本内容：寻径和转发。寻径即判定到达目的地的最佳路径，由路由选择算法来实现。由于涉及到不同的路由选择协议和路由选择算法，相对要复杂一些。为了判定最佳路径，路由选择算法必须启动并维护包含路由信息的路由表，其中路由信息依赖于所用的路由选择算法而不尽相同。路由选择算法将收集到的不同信息填入路由表中，根据路由表可将目的网络与下一站的关系告诉路由器。路由器间互通信息进行路由更新，更新维护路由表使之正确反映网络的拓扑变化，并由路由器根据量度来决定最佳路径。这就是路由选择协议（routing protocol），例如路由信息协议（RIP）、开放式最短路径优先协议（OSPF）和边界网关协议（BGP）等。

转发即沿寻径好的最佳路径传送信息分组。路由器首先在路由表中查找，判断是否知道如何将分组发送到下一个站点（路由器或主机），如果路由器不知道如何发送分组，通常将该分组丢弃；否则就根据路由表的相应表项将分组发送到下一个站点，如果目的网络直接与路由器相连，路由器就把分组直接送到相应的端口上。这就是路由转发协议（routed protocol）。

路由转发协议和路由选择协议是相互配合又相互独立的概念，前者使用后者维护的路由表，同时后者要利用前者提供的功能来发布路由协议数据分组。

在图 6-3 的路由器中，网卡 1 和网卡 2 实现 TCP/IP 协议的底两层协议功能。它们负责接收来自各自所连网络的数据报文，并将接收正确的报文帧滤除其底两层包封，然后将 IP 报文存入路由器中对应的报文接收缓存区；同时还负责完成存储在发送缓存区中待发的IP报文到与其直接相连的下一网络的数据包物理传送功能。

当路由器接收到一个报文时，IP协议处理软件首先检查该报文的生存时间，如果其生存时间为0，则丢弃该报文，并给其源站点返回一个报文超时ICM消息。如果生存期未到，则接着从报文头中提取IP报文的目的IP地址，也就是读取IP报文的第17～第20字节的内容。

然后，通过如图6-4所示的网络掩码屏蔽操作过程从目的IP地址中找出目的地网络号，再利用目的地网络号从路由选择表中查找与其相匹配的表项。

如果在路由器选择表中未找到与其相匹配的表项，则把该报文放入默认的下一路径的对应发送缓存区中进行排队输出。

如果找到了匹配表项，则将该IP报文放入该表项所指定的输出缓存区的队列中进行排队输出。

A类地址	10	5	200	1
二进制格式	0000 1010	0000 0101	1100 1000	0000 0001
掩码	1111 1111	0000 0000	0000 0000	0000 0000
逻辑“与”				
网络号	0000 1010	0000 0000	0000 0000	0000 0000
B类地址	131	5	200	1
二进制格式	1000 0011	0000 0101	1100 1000	0000 0001
掩码	1111 1111	1111 1111	0000 0000	0000 0000
逻辑“与”				
网络号	1000 0011	0000 0101	0000 0000	0000 0000
C类地址	201	5	200	1
二进制格式	1100 1010	0000 0101	1100 1000	0000 0001
掩码	1111 1111	1111 1111	1111 1111	0000 0000
逻辑“与”				
网络号	1100 1010	0000 0101	1100 1000	0000 0000

图6-4 IP地址与网络掩码屏蔽操作过程

IP协议处理软件经过寻径并按路由选择表的指示把原IP数据包放入相应输出缓存器的同时，它还将下一路由器的IP地址递交给对应的网络接口软件，由接口软件完成数据包的物理传输。图6-5给出了一个简化的IP协议处理软件的流程框图。

IP软件不修改原数据包的内容，也不会在上面附加内容（甚至不附加下一路由器的IP地址）。网络接口软件收到IP数据包和下一路由器地址后，首先调用ARP完成下一路由器IP地址到物理地址的映射，利用该物理地址形成帧（下一路由器物理地址便是帧信宿地址），并将IP数据包封装进该帧的数据区中。最后由子网完成数据包的真正传输。

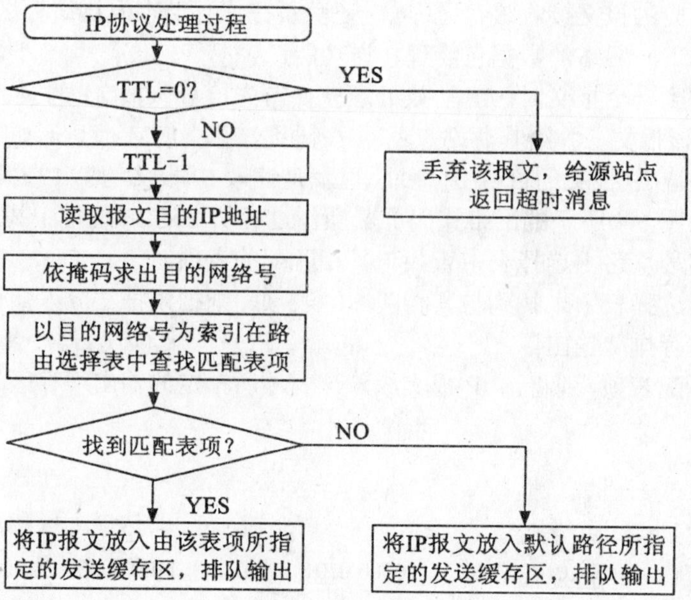

图 6-5 简化的路由器 IP 协议处理软件流程图

6.2.3 互联网通信实例

为了有助于读者进一步理解路由器的工作原理，在图 6-6 中，给出了一个互联网通信实例。这里，各通信子网的 IP 编号分别为 202.56.4.0、203.0.5.0 和 198.1.2.0，路由器 1 与网络 1 和网络 2 直接相连，在与网络 1 连接的网络接口 IP 地址为 202.56.4.1，与网络 2 连接的网络接口 IP 地址为 203.0.5.2；路由器 2 与网络 3 和网络 2 直接相连，与网络 2 连接的网络接口 IP 地址为 203.0.5.10，与网络 3 连接的网络接口 IP 地址为 198.1.2.0。

用户 A 要传送一个数据文件给用户 B，现在我们来看各个路由器的工作过程。

首先，用户 A 把数据文件以 IP 数据包形式送到默认路由器 1，其目的站点的 IP 地址为 198.1.2.9 。

第一步，报文被路由器 1 接收，它通过网络掩码屏蔽操作确定了该 IP 报文的目的网络号为 198.1.2.0。

第二步，通过查找路由选择表，路由器 1 在路由表中找到与其匹配的表项，获得输出接口号为 2 和下一站的 IP 地址为 203.0.5.10。下一站的地址是指下一个将要接收报文的与本路由器连接在同一物理网络上的路由器的网络接口 IP 地址。

第三步，路由处理软件将该 IP 数据包放入 2 号网络接口的发送缓存区中，并将下一站的 IP 地址递交给网络接口处理软件。

第四步，网络接口软件调用 ARP 完成下一站路由器 IP 地址到物理地址（MAC 地址）的映射。

在一个正常运行的互联网中，一般来说路由器会在高速缓存器中记录其相邻路由器的网络接口对应 IP 地址的 MAC 地址，因此不必每接收一个 IP 报文都使用 ARP 来获得下一站的 MAC 地址。获得下一站的 MAC 地址后，便将原 IP 数据包封装成适合网络 2 传送的数据帧，排队等待传送。

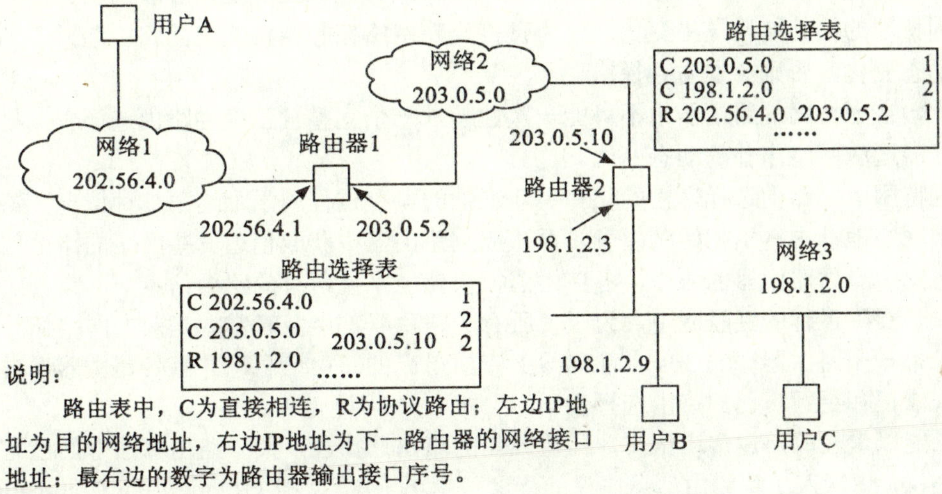

图 6-6 一个互联网通信实例

报文被传送到路由器2后，通过上述路由表查找操作，获得与目的地IP地址匹配的表项。由表项内容可知,该匹配表项是目的网络号，与该路由器直接相连。因此，在第三步路由处理软件将原IP数据包放入2号发送缓存区后，同时将目的IP地址198.1.2.9递交给网络接口处理软件。第四步，由于报文已到达最后一个路由器，所以网络接口软件必须每次首先调用ARP以获得目的主机的MAC地址，然后对原IP报文进行数据帧包装，接着报文就可以直接发送给目的主机。

6.2.4 路由选择表的生成和维护

路由选择表是关于当前网络拓扑结构的信息并为网间所有的路由器共享。这些信息包括哪些链路是可操作的、哪些链路是高容量的，等等，共享的具体信息内容由所采用的路由信息协议决定。维护路由选择表功能就是利用路由信息协议，随着网络拓扑的变化不断地自动更新路由选择表的内容。

路由选择表的生成可以是手工方式，也可以是自动方式。对于可适应大规模互联网的TCP/IP协议，其获取路由信息的过程显然应该采取自动方式。任何路由器启动时，都必须获取一个初始的路由选择表。

不同的网络操作系统，获取初始路由选择表的方式可能不同，总的来说，有三种方式:

第一种，路由器启动时，从外存读入一个完整的路由选择表，长驻内存使用；系统关闭时，再将当前路由选择表（可能经过维护更新），写回外存，供下次使用。

第二种，路由器启动时，只提供一个空表，通过执行显式命令（比如批处理文件中的命令）来填充。

第三种,路由器启动时，从与本路由器直接相连的各网络的地址中推导出一组初始路由，当然通过初始路由只能访问相连网络上的主机。

可见，无论哪种情况，初始路由选择表总是不完善的，需要在运行过程中不断地加以补充和调整，这就是路由选择表的维护。

在 Internet 中，由于随时可能增加新的主机和网络，并且新增加的网络可采用任意方式和运行中的因特网互联，同时存在某些网络因故障或其他原因而退出互联网服务，这些都可以导致因特网的拓扑结构发生变化。作为直接反映网络拓扑结构变化的路由选择表则必须跟踪这些动态变化，否则会发生寻径错误。

因此，在因特网的路由器中不可能一次性装入一个完整且正确的路由选择表，只有动态地更新才能适应网络拓扑的动态变化。

在因特网中，路由选择表初始化和更新维护的典型过程属于上述第二种情况，路由器首先从周围网络地址中得出初始路由表，再从周围路由器中获取稍远一些网络的路由信息……由于因特网中全体路由器的协作，各路由器很快就能掌握所有的路由信息。

在一个实际运行的互联网中，为了使所有的路由器都能及时掌握当前的网络拓扑结构，因而要求每一个路由器每隔 30s 自动向网上广播自己的路由信息，并且各路由器通过路由信息交换来修正和更新自己的路由选择表。

为了能以最佳的路由传送报文，构造最佳的路由选择表，关于路由算法方面已有多个路由信息协议，想深入了解路由信息协议的读者可参考 RFC 文档（Request For Comment）中的有关讨论。

6.2.5 路由器的结构

（1）路由器的功能结构。

如图 6-7 所示路由器的功能结构由控制部分和转发部分组成。其中控制部分由路由处理、路由表、路由协议组成；转发部分由端口和交换结构组成。

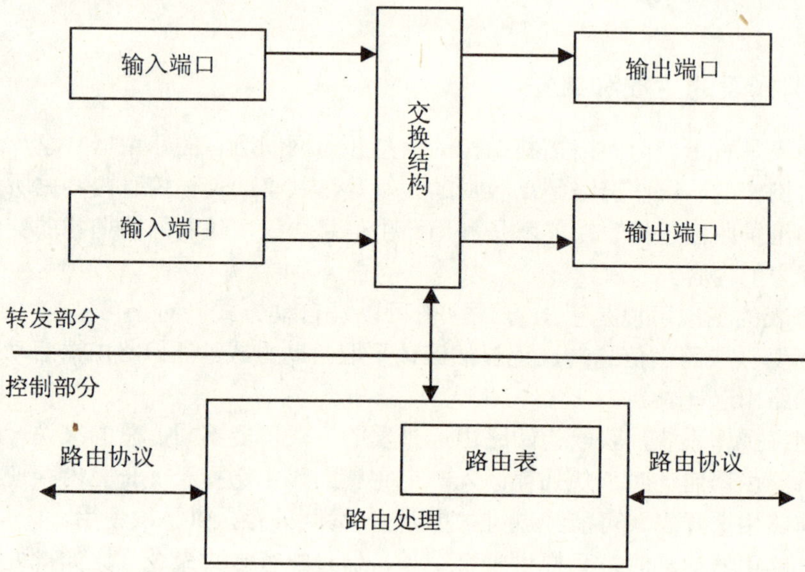

图 6-7 路由器的硬件结构

①端口：

端口包括输入端口和输出端口，是物理链路和分组的出、入口。

②交换网络结构：

交换网络结构在多个端口间提供分组转发的通路。它的物理结构主要有三种：共享总线、共享存储器和空分交换开关。

③路由处理器：

路由处理器运行系统软件和各种路由协议，计算、维护和更新路由表。它的部分功能既可以用软件实现，也可以用硬件实现。

（2）路由器的交换结构。

①共享总线。

共享总线有总线、环、双向总线等。分组在路由器中通过共享总线传输。通常，共享总线的机制是时分复用的，即在共享介质上某一个模块的每一个周期分享一个时隙传输它的数据。

②共享存储器。

在共享存储器结构的路由器中，使用了大量的高速RAM来存储输入数据，并可实现向输出端的转发。在这种体系结构中，由于数据首先从输入端口存入共享存储器，再从共享存储器传输到输出端口，因此它的交换带宽主要由存储器的带宽决定。

当规模较小时，这类结构比较容易实现，但当系统升级扩展时，设备所需要的连线大量增加，控制也会变得复杂。

③空分交换开关结构。

在空分交换开关结构的路由器中，分组直接从输入端经过空分交换开关流向输出端。它采用空分交换开关代替共享总线，允许多个数据分组同时通过不同的线路进行传送，从而极大地提高了系统的吞吐量，使系统性能显著提高。系统的最终交换带宽仅取决于空分交换开关阵列和交换模块的能力，而不是取决于互连线自身。

空分交换开关结构具有很多优点。它具有高速特性的原因是：首先，从线卡到交换结构的连线是点对点的连接，具有很高的速率；其次，能够多个通道同时进行数据交换。多个点的开关同时闭合就能在多对端口间同时进行数据传输。

6.3 IP交换技术

网络的飞速发展使网络阻塞问题日益严重，ATM提供了高效硬件交换，但Internet上更多的IP业务使人们把目光投向IP智能路由和ATM交换技术的紧密结合。IP交换（IP Switching）是Ipsilon公司提出的专门用于在ATM网上传送IP分组的技术，其目的是使IP更快并能提供业务质量支持。将一个IP路由处理器捆绑在一个ATM交换机上，去除交换机所有的ATM论坛信令和路由协议，这样的一个结构我们可称之为IP交换机。这种交换方式的目的在于同时获得无连接IP的强壮性及ATM交换的高速、大容量的优点。

6.3.1 IP交换技术的发展

（1）发展背景。

近年来，Internet在全球范围内快速增长，从1989年开始，大约每隔56周，Internet上的主机数就翻一番，呈指数级增长。

①Internet骨干网的传送容量太小，带宽资源不足，现有路由器寻址速度低，吞吐量不够，同时用户接入速率太低。

②当用户数量急剧增加时，路由器网络性能将下降，这时路由器虽然可以保证优先级较高的数据传输，但由于它采用无连接的 IP（Internet Protocol），因而不能使服务质量（带宽、优先级等）与商业上的优先级对应起来。

③路由器网络规模的进一步增大要求路由器支持大数量的端口，然而目前一般的路由器只支持 10 个端口，即使是大型路由器也只能支持 50 个端口，即路由器的端口数受到限制。

④规模较大的路由器网络大多采用分层结构，并且大的节点也采用上述可堆叠式配置，以支持大量用户接入。

⑤当前 Internet 所使用的 IPv4 协议对实时业务、灵活的路由机制、流量控制和安全性能支持不够，地址资源也短缺。

（2）IP Over ATM 的优势。

由于 Internet 的迅速发展，基于 IP 网络的应用日益广泛。IP 与 ATM 的结合已成为研究的热点和发展趋势。

用 ATM 传送 IP 技术构造宽带 Internet 骨干网具有许多明显的优势，主要包括下述几方面：

①网络性能大幅度提高。

②设备费用降低。

③服务质量得到保证。

④可靠性大大增强。

⑤大大增加了可管理性。

⑥提高了可扩充性。

6.3.2 IP 交换的基本构成及工作原理

所谓 IP 交换，就是利用第二层交换作为传送 IP 分组通过一个网络主要转发机制的一组协议和机制。IP 交换利用交换的高带宽和低延迟优势尽可能快地传送一个分组通过网络。基本上说，IP 交换技术是利用 IP 的智能化路由选择功能来控制 ATM 的交换过程，即根据通信流的特性来决定是进行路由选择还是进行交换。所以识别数据的特征是 IP 交换技术的基本功能。准确地说，一个数据流就是一个从特定源机到特定目标机发送的 IP 数据包序列，它们使用相同的协议类型（如 UDP 或 TCP）、服务类型和其他一些特性。用户可以自己定义 IP 交换机如何判断收到多少这样的数据包才算是一个数据流。

（1）IP 交换机的构成。

IP 交换机是一个能够在第三层转发 IP 分组并具有一个使分组也能在第二层被交换的设备或系统。IP 交换机基本上是一个附有交换硬件的路由器，它能够在交换硬件中高速缓存路由策略。IP 交换机由 ATM 交换机硬件和一个 IP 交换控制器组成，如图 6-8 所示。

①ATM 交换模块：以 ATM 交换机的硬件结构为交换基础。

②IP 交换控制器：主要由 IP 路由软件和控制软件构成，它负责标识一个流，并将其映射到 ATM 的虚连接上。ATM 交换机与 IP 交换控制器通过一个 ATM 接口相连，用于控制信号和用户数据的传输。

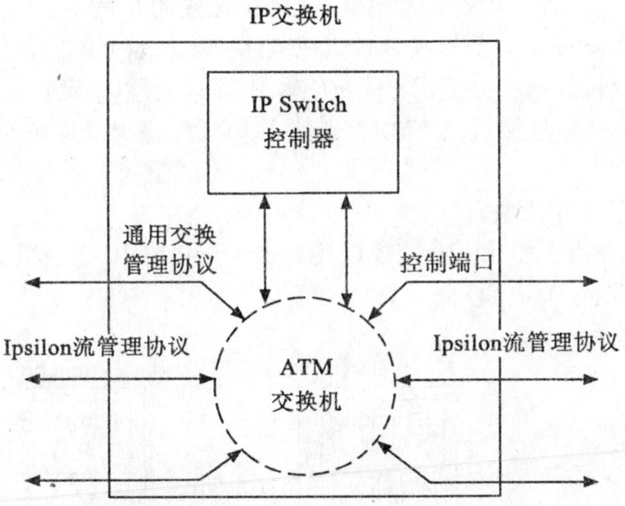

图 6-8 IP 交换机结构

③通用交换管理协议（GSMP）：使 IP 交换控制器可以从内部完全控制 ATM 交换模块，管理其交换端口，建立和撤销通过交换机的连接等。

④Ipsilon 流管理协议（IFMP）：该协议用于在 IP 交换机间共享流标记信息，以实现基于流的第二层交换。

IP 交换的基本概念是流的概念。一个流是从 ATM 交换机输入端口的一系列有先后关系的 IP 包，它将由 IP 交换控制器的路由软件来处理。

IP 交换机 ATM 输入端口接收上游节点输出的用户业务流，IP 交换机控制器路由软件根据用户业务流的传输控制协议（Transmission Control Protocol，TCP）或用户数据报协议（User Datagram Protocol，UDP）分组头的端口号对业务流进行分类，IP 交换机分类传输用户业务流。

IP 交换的核心是把输入的数据流分为两种类型：

A.持续期长、业务量大的用户数据流。

持续期长、业务量大的用户数据流包括：

文件传输协议（FTP）数据。

超文本传输协议（HTTP）数据。

远程登录（Telnet）数据。

多媒体音频、视频数据等。

B.持续期短、业务量小、呈突发分布的用户数据流：

域名服务器（DNS）查询。

简单邮件传输协议（SMTP）数据。

简单网络管理协议（SNMP）数据等。

对于持续期长、业务量大的用户数据流在 ATM 交换机硬件中直接进行交换，对于多媒体数据，它们常常要求进行广播和同播通信，把这些数据流在 ATM 交换机中进行交换，也能利用 ATM 交换机硬件的广播和多点发送能力。对于持续期短、业务量小、呈突发分布的用户数据流，通过 IP 交换控制器中的 IP 路由软件完成转送，即采用和传统路由器类似的跳到跳的存储转发方式，这种方式省去了建立 ATM 虚连接的开销。

对于需要进行 ATM 交换的数据流，必须在 ATM 交换机内建立虚连接 VC。ATM 交换要求所有到达 ATM 交换机的业务流都用一个 VCI 来进行标记，以确定该业务流属于哪一个 VC。IP 交换机利用 Ipsilon 流管理协议（IFMP）来建立 VCI 标签和每条输入链路上传送的业务流之间的关系。

（2）IP 交换机的工作原理。

与传统的跳到跳路由器相比，IP 交换机还增加了直接路由。IP 交换机与传统的路由器数据转发方式比较可见图 6-9。

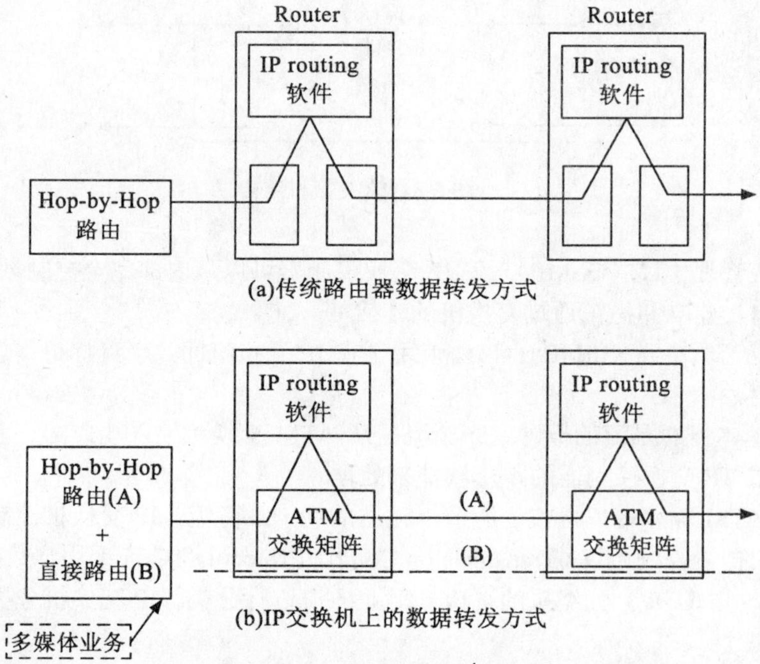

图 6-9　IP 交换机与传统的路由器数据转发方式比较

IP 交换机是通过直接交换或跳到跳的存储转发方式实现 IP 分组的高速转移，其工作原理如图 6-10 所示。

①在 IP 交换机内的 ATM 输入端口从上游节点接收到输入业务流，并把这些业务流送往 IP 交换控制器中的选路软件进行处理。IP 交换控制器根据输入业务流的 TCP 或 UDP 信头中的端口号码进行流分类。对于持续期长、业务量大的用户数据流，IP 交换机将直接利用 ATM 交换机硬件进行交换；对于持续期短、业务量小、呈突发分布的用户数据流，将通过 IP 交换控制器中的 IP 路由软件进行跳到跳的存储转发方式发送。

②一旦一个业务流被识别为直接的 ATM 交换，那么 IP 交换机将要求上游节点把该业务流放在一条新的虚通路上。

③如果上游节点同意建立虚通路，那么该业务流就在这条虚通路上进行传送。

④同时，下游节点也要求 IP 交换机控制器为该业务流建立一条呼出的虚电路。

⑤通过③和④，该业务流被分离到特定的呼入虚通路和特定的呼出虚通路上。

⑥通过旁路路由，IP 交换机控制器指示 ATM 交换机完成直接交换。

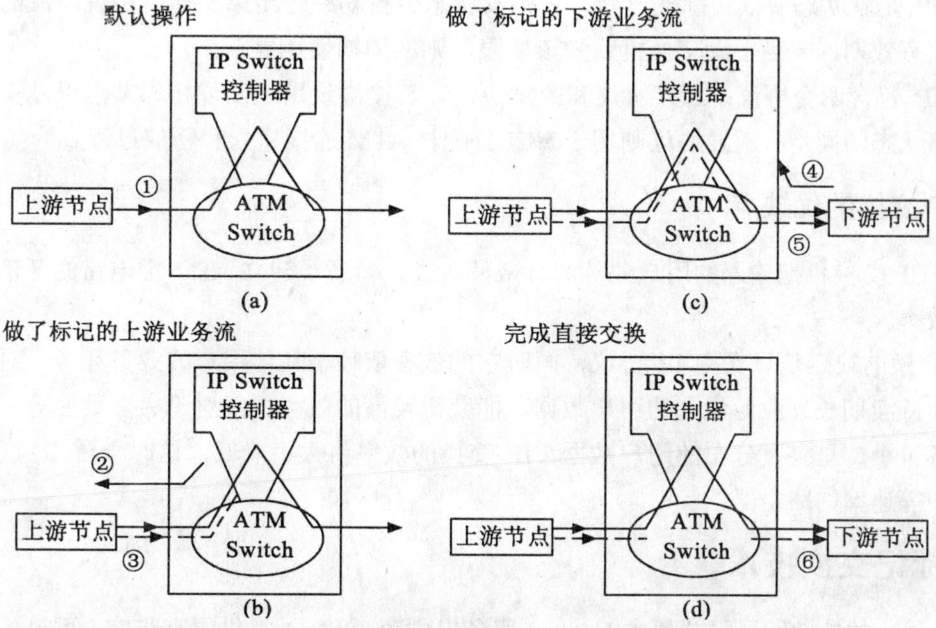

图 6-10 IP 交换机的工作原理

6.3.3 IP 交换中所使用的协议

IP 交换中使用了 GSMP 和 IFMP 两种协议。GSMP 用于 IP 交换机控制器中，完成直接控制 ATM 交换，IFMP 用于 IP 交换机、IP 交换网关或 IP 主机中，完成把现有网络或主机接入到由 IP 交换机组成的 IP 交换网中，用来控制数据传送。

（1）GSMP 协议。

GSMP 协议是交换结构的一部分，用于 IP 交换控制器。GSMP 协议是一种异步协议，它把 IP 交换控制器设置为主控制器，而把 ATM 交换机设置为从属被控设备，使 IP 交换控制器用来控制 ATM 交换机的工作。IP 交换控制器利用该协议向 ATM 交换机发出下列要求：

①建立和释放穿过 ATM 交换机的虚连接。

②在点到多点的连接中，增加或删除端点。

③控制 ATM 交换机端口。

④进行配置信息查询。

⑤进行统计信息查询。

⑥IP 交换控制器利用 GSMP 协议实现 ATM 交换机为某个用户流建立新的 VPI/VCI 的功能。

（2）IFMP 协议。

IFMP 协议可以在两台 IP 交换机之间的点到点链路上运行，它用于 IP 交换机间标记绑定的流间通信，采用下游标记分配模型来实现。它可以在 IP 交换网关或支持 IFMP 的网络接口卡之间请求分配一个新的 VPI/VCI，即 IFMP 协议给某个流附加一个标签，使该流的路由更加有效。

IFMP 是软状态协议；除非更新，否则其状态会自动超时结束。这就是说，流的绑定信息有一个有效期，一旦上游交换机获知该期限，则应周期性地更新。

IFMP 包含两个协议：邻接协议和改发协议。邻接协议用于发现相邻节点以及实现两节点间链路状态的同步；改发协议则用于 VCI 分配与 ATM 连接建立和释放过程。

6.3.4 IP 交换的优缺点

由于 IP 交换机把输入的用户业务流分成两大类，节省了建立 ATM 虚电路的开销，因此提高了效率。

IP 交换的缺点是只支持 IP 协议，同时它的效率依赖于具体用户的业务环境。对于大多数业务为持续期长、业务量大的用户数据，能获得较高的效率。但对于大多数业务为持续期短、业务量小、呈突发分布的用户数据，IP 交换的效率将大大降低，这时一台 IP 交换机只相当于中等速率的路由器。

6.4 标记交换技术

Internet 的持续发展日益要求 Internet 服务提供商（ISPs）提供更高带宽。不过，Internet 的发展并不是更高带宽的惟一驱动因素——对更高带宽的需求，还来源于日渐蓬勃发展的多媒体应用。而更高带宽的需求又要求：路由器对多播与单播流量都具有更高的转发性能（每秒信息包数）。

Internet 的发展也要求 Internet 路由系统改善其扩展性能。由单个路由器维护大量路由信息的能力与建立一个路由知识层的能力对支持一个高质量、可扩展的路由系统是必不可少的。

我们已经意识到有必要改善转发性能，同时，增加路由功能支持多点广播，从而能够更灵活地控制流量路由，并提供建立一个路由知识层的能力。不仅如此，拥有一个能支持适度发展以适应新的需要的路由系统，正变得越来越重要。

标记交换(Tag Switching)是针对这些挑战而提供的一种有效解决方案。标记交换是 Cisco 公司推出的一种基于传统路由器的 ATM 承载 IP 技术。虽然 IP 交换技术与标记交换技术一样都是 IP 路由技术与 ATM 技术相结合的产物，但这两个技术的产生却有着完全不同的出发点。IP 交换技术认为路由器是 IP 网中的最大瓶颈，它希望借助 ATM 技术来完全替代传统的路由器技术；而标记交换最本质的特点是没有脱离传统的路由器技术，但在一定程度上将数据的传递由路由变为交换，提高了传送效率。另外，标记交换即不受限于使用 ATM 技术，也不仅仅转发 IP 业务。

6.4.1 标记交换的工作原理

标记交换机有两种组件：转发组件和控制组件。转发组件根据分组中携带的标记信息和交换机中保存的标记转发信息完成分组的转发。控制组件负责在交换机之间维护标记转发信息。

在标记交换机中，标记转发信息库（TFIB）用于存放标记转发的相关信息，每个入口标记对应着一个信息项，每个项内包含出口标记、出口接口号、出口链路层信息等子项。

（1）转发组件。

当标记交换机收到一个携带标记的分组时，转发组件的工作流程如下：

①从分组中抽出标记。

②将该标记作为标记信息库的查询索引，检索该分组所对应的项。

③用该信息项中的出口标记和链路层信息替换分组中原来的标记和链路层信息。

④将装配后的分组从信息项所指定的出口接口送出。

（2）控制组件。

控制组件完成标记分配和维护规程，也就是负责标记转发信息库的标记信息生成和维护。标记的分配和维护主要用标记分配协议（TDP）来实现。

标记转发信息库（TFIB）是根据路由表形成的，除了增加输出标记子项外，每个信息项在 TFIB 中所处的位置还进行了有序化处理，即以输入标记为索引进行一定的计算便可得到该信息项在 TFIB 中的位置。这样便可以用硬件方式完成对 TFIB 的检索和数据的转发。

（3）TDP 协议。

TDP 协议与标准的网络层 IP 路由协议配合，在标记交换网络中的相邻各设备间分发标记信息。TDP 使用专用的、可靠的链路传输，在 ATM 标记交换路由器上使用 VPI/VCI 为 0/32 的默认虚通路。TDP 规定了三种标记分配方式：下游节点标记分配、下游节点按需分配标记和上游节点标记分配。

三种分配方式相辅相成。节点的 TFIB 有两种管理方式，一种为单接口 TFIB，一种为单节点 TFIB。单接口 TFIB 是一个接口配置一个 TFIB，所有接口的 TFIB 互不相关，所以作为索引的入口标记只在本接口或本段有效，与节点的其他接口无关。这时入口标记的选择可以只考虑该接口的使用情况，使用上游节点分配或下游节点分配都可以。而单节点标记 TFIB 则不然，一个节点只设一个 TFIB 表，可以将其下载到各接口但其内容相同。因此入口标记在全节点有效而且不能重复。这时只能使用下节点标记分配，因为上游节点对下游节点的入口标记的使用情况不了解，无法进行分配；而段标记作为上游节点的出口标记与其他接口无关，所以下游节点可以完成标记分配。下游节点按需分配和前两种不同，前两种应用于拓扑驱动时分配标记，它在一个节点中为每个目的地只分配一个或几个（按业务等级分）标记。但不同的源、不同的应用可能有不同的业务质量需求，当需要为某些特定业务提供特殊服务时，可以用下游节点按需分配标记为其提供专用标记。

6.4.2 标记交换的性能

（1）灵活的路由机制。

标记交换中的标记与 ATM 中的 VPI/VCI 用法大致相同，ATM 标记交换路由器中的标记实际上就是 VPI/VCI。既然如此，标记交换就会面临 VPI/VCI 资源匮乏的问题。为解决这个问题，标记交换除了为尽最大努力传送业务提供 VC 合并功能外，在网络结构上它使用了层次化路由结构以减少标记的使用量。

为减少路由信息量，Internet 很早就引入了层次化的路由概念。首先根据网络规模和用户群的分布情况将网络划分为几个域，域内运行 OSPF 等域内路由协议交互主机的路由信息，域间运行 BGP 等域间路由协议交互各域的可达网络信息。因为域间不再交互主机的详细路由信息，减少了路由信息量和路由协议开销，同时也避免了过大的路由表给管理和数据转发带来的低效率。当然这些路由机制并非为标记交换而设计，但标记交换与路由技术的关系极为紧密，这体现在不仅交换机仍采用传统的路由技术进行拓扑信息的交互，而且 TFIB 也根据路由表形成。路由表的简化在很大程度上减少了标记的使用量，但是否能成比例递减还取决于应用对服务质量的要求。

（2）可靠的服务质量（QoS）。

标记交换提供两个机制保证服务质量。一个是将业务分类，通过资源预留协议为每个类别的业务申请相应的服务质量等级。在 ATM 环境下，不同类别的业务使用不同的标记虚电路（TVC），利用 TVC 保证相应的服务质量。若在非 ATM 环境下，标记交换机则将业务分为几类：

①分配一定带宽，超出部分丢弃。

②分配一定带宽，超出部分以低优先级处理。

③如果用户超出所提供的带宽发送数据，则超出部分以更高的优先级发送，并且用户需负担额外的费用。

另一个机制是为某些特殊业务用“下游按需分配标记”为下游申请专用 TVC，提供端到端业务质量保证。

（3）同播功能。

标记交换机利用同播路由协议生成同播树，在形成同播树时会采用生成树算法避免回路的形成。同播传递元件负责将同播数据沿着同播树进行传递。

当一个标记交换机生成一个同播传递项时，除了将该项填入输出接口表外，还为同播的每个输出接口生成一个输出标记。标记交换机通过同播的输出接口通知相邻的标记交换机出口标记和同播树的捆绑关系。邻接交换机在收到这一通知后，将捆绑信息中的相关出口标记填入 TFIB 中相应的同播树项目入口标记子项中。这样就完成了同播标记交换表的生成过程。

6.4.3 标记交换的优缺点

（1）标记交换的优点。

①路由信息层次化，使网络具有较强的扩展能力。

②标记交换能支持多媒体应用所需的 QoS 和具有组播能力。

③标记交换技术能实现对路由器和 ATM 主干构成的网络更为简单的管理，因为它将 ATM 交换机变成了路由器，形成了更加统一的网络模型，因而简化了网络设备的配置和管理。

（2）标记交换的缺点。

由于标记交换是 Cisco 公司的专有技术，并非统一的标准，构建标记交换网络时端到端都要使用Cisco的设备才能完成通信。

6.5 IP电话原理

6.5.1 IP电话的由来

1995年，美国电信运营协会（ACTA，America's Carriers Telecommunication Association）向美国联邦通信委员会（FCC，Federal Communication Commission）提交诉状，起诉几家在Internet上提供服务的公司扰乱电信秩序，进行不正当竞争等。这几家公司包括VocalTec（产品为Internet Phone）、Third Planet Publishing Inc.（产品为DigiPhone）、Internet Telephone（产品为WebPhone）、Quarterdeck（产品为WebTalk）等。这一举动表示，Internet上的话音传送已对电信业产生了重大的影响。

目前，Intetnet接入的人数增长迅速，1996年底估计用户为3 700万，在美国各ISP纷纷推出了IP电话业务。另外，很多中小企业纷纷在他们的Internet/Intranet上加入IP电话网关用以节约昂贵的长途电话费用。芬兰电信甚至开通了Internet电话业务。最近，Cisco宣布将在其3600路由器上增加模拟话音接口，用以在数据网络上跑话音业务，3COM公司也宣布了在它的局域网交换机和路由器上支持话音传送。Lucent公司则建立了一个试验网进行IP电话试验。

据美国Action Information Services估计，从1997年起的未来四年内，美国长话市场将损失80亿美元，其中1998年将损失10亿美元，而2001年损失将达到35亿美元。到2000年，6%～10%的长话业务将通过Internet传送，到2005年将达到10%～16%，到2010年则达到28%（最新的统计数字，IP电话使长话市场损失$600亿）。

驱使Internet话音业务飞速发展的主要因素是价格。在美国，国内长话的平均收费是22美分/分钟，通过Internet的话音收费不到4美分/分钟，通过大西洋的越洋电话正常时间收费是1美元/分钟，折价时间是0.5美元/分钟，转租业务时收费是0.4美元/分钟，而通过Internet的话音服务将来也可望达到0.04美元/分钟，其价格差异如此的悬殊，Internet电话的发展速度也就可以理解了。

驱使Internet话音业务飞速发展的另一个因素是技术的发展。以往，Internet电话留给人的印象是话音质量低劣、延迟长、经常断。但随着技术的发展，这些现象将不复存在。一方面，随着ITU H.323一系列协议的推出，使得Internet电话的规范逐步完善，各厂商的设备可以互通；另一方面，Internet的大力兴建及硬件设备性能的提高为Internet电话顺畅提供了保证。

一般情况下，普通的局域网用户可以通过Hub相连，远程用户则可以通过拨号上网。特别情况下，普通电话用户则可以通过PSTN经H.323网关与IP网络用户进行通话。由于PSTN规模庞大，所以H.323网关对PSTN与IP网络互联起着关键的作用。图6-11中的GateKeeper与RAS Directory Server可以在一个服务器上，有时甚至可以和DNS Server合并。而图6-11的GateKeeper或RAS Directory Server也可包含MCU的功能。

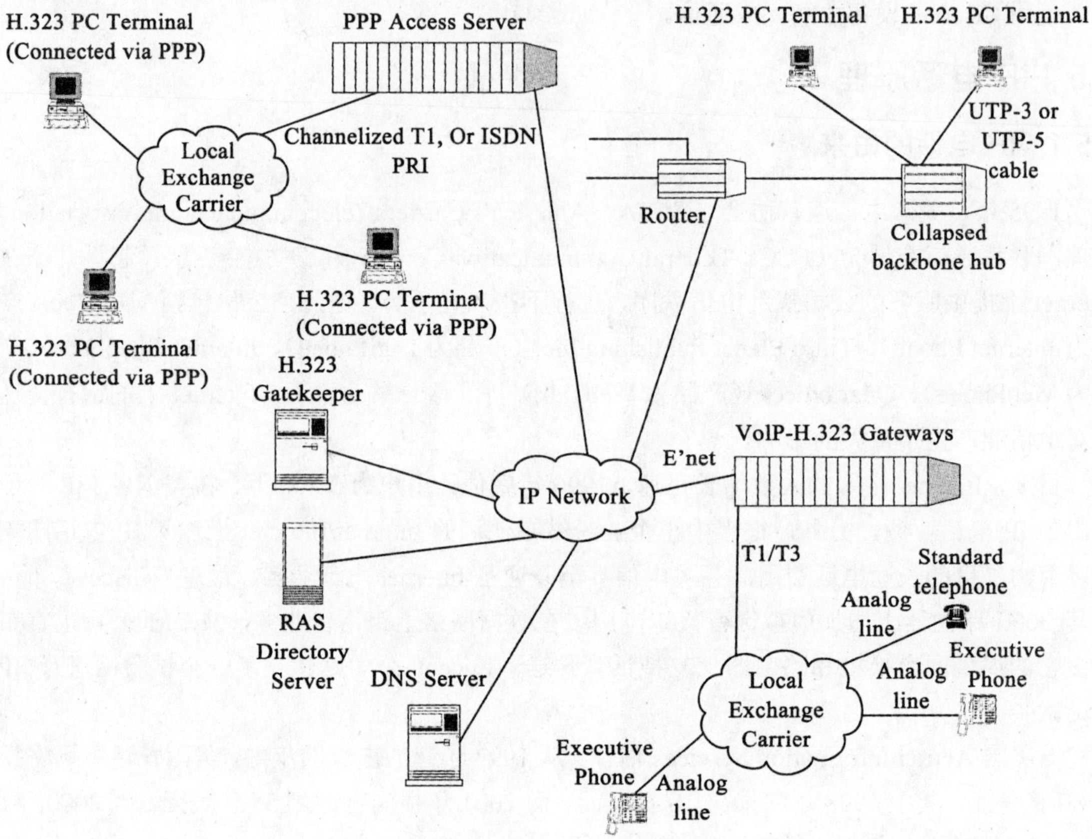

图 6-11 Internet 电话组网图

6.5.2 IP 电话的概念

IP 电话是指通过 Internet 传送 IP 语音，IP 是 Internet 使用的主要协议之一。IP 电话是在 Internet 上实现业务综合化的一种实用技术，超出了通常所说的程控电话交换的范畴，即不是在 PSTN 上实现语音交换。 TCP/IP 协议簇的四层体系结构如图 6-12 所示。

（1）Internet 与 TCP/IP 协议。

IP 电话的低费用是由它的载体 Internet 决定的。Internet 并不是一个为端到端通信设计的网络，它主要关心的是网络互联，从而造成了 Internet 并没有像 PSTN 那样完备端到端计费系统。

（2）IP 电话业务流程。

IP 电话传输的主要问题是必须使基于分组交换的 IP 网与基于电路交换的 PSTN 互连。下面，如图 6-13 所示以是一个甲地的用户 A 给乙地的用户 B 通过 IP 拨打长途的例子，该例子简单地叙述 IP 电话业务的流程。

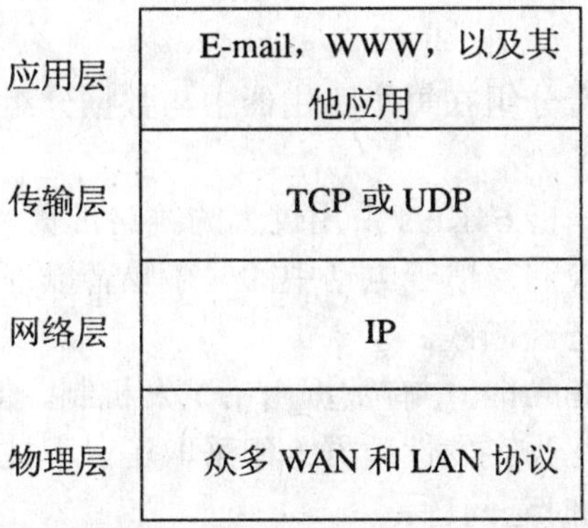

图 6-12 TCP/IP 协议簇的四层体系结构

图 6-13 IP 电话的应用举例

当用户 A 拨完 IP 电话服务号后（如 17909），甲地市话局识别为 IP 电话，将其交给所属的 ITSP 处理。由 ITSP 充当长途端局，翻译用户 B 的号码，并负责将模拟语音流转化为分组流经 Internet 送至乙地。到达对端后，分组流再转化为模拟语音流，经由乙地市话局送给用户 B。

在此过程中必须进行如下操作：

①地址解析。

②搜索路由。

③确保质量。

④流量预测。

⑤呼叫信令。

⑥语音编码。

⑦差错处理。

6.5.3 IP 电话的基本技术

（1）IP 电话标准。

IP 电话连接协议和语音分组协议的相关标准主要由 ITU-T 和 IETF 制定。ITU-T 的建议为 H.323 协议，起初是为 ATM 网络提出的，但现在广泛应用于 Internet 之中。

（2）将语音转化为突发性数据分组。

传统的 PSTN 中的语音发送速率是 64Kb/s 固定不变的，但实际上大部分时间传送的是无效声音。要使语音转化为突发性数据以适合分组传输，必须解决以下问题：

• 打包时延问题。指按每秒 8000 次的速率积累采样数据，以达到一个分组大小所产生的时延。

• 串行时延问题。指语音分组在每个路由器中与数据分组一起排队产生的时延及时延抖动。

• 传统的语音速率过高。指 64Kb/s 占用过大的线路带宽。

• 背景音断续问题。指人们习惯于电话中的轻微噪音以确定对方在线，如果双方不讲话时不传送分组，会使人觉得已经断线。

• 出错后重发问题：指 Internet 中有数据出错重发机制，但语音抽样值出错无须重发。

针对这些问题，将语音转化为突发性数据分组采取了以下技术，其中有些已经形成标准。

①小分组。针对打包时延问题。

②优先级。为语音分组设定优先级标志，针对串行时延问题。

③时延抖动缓冲区。

④语音压缩。

⑤无话抑制。

⑥增补噪声。

⑦实时传输协议（RTP）。

（3）IP 电话的 QoS 支持。

QoS 问题是 Internet 的一大缺陷，要使 IP 电话商用化必须解决 QoS 问题。目前使用以下一种或几种方法来为 IP 传输提供 QoS 支持：

①限定接入速度（CAR）。

②等级排队（CBQ）。

③差异服务（DiffServer）。

④按虚电路排队。

⑤加权随机早期丢弃（WRED）。

（4）IP 网关。

IP 网关是实现 IP 电话的关键设备，处在 PSTN 和 Internet 两网之间，实现两网结合。

①IP 网关的功能。简单地说，IP 网关具有如下几方面功能：

• 目标搜索：即根据电话号码搜索 IP 地址。

• 连接管理。

• 信息的数字化与压缩。

• IP 分组的封装与传输。

• IP/PSTN 信令：7 号信令的使用使与 IP 网进行信令结合这样的“智能”应用成为可能。

• 授权、接入、计费等。

②IP 网关的种类。

目前，根据规模不同,IP 网关的实现有不同的方案：

• 基于 PC 机平台的网关。

• 路由器网关。

• 远端接入服务器网关。

• PBX 改装网关。

- IP电话交换机。

小 结

传统的路由器技术是基于共享介质类型的物理网络结构，用户使用网络通信时必须竞争网络资源，用户的增加会使用户实际获得的链路传送能力下降，因此它只适用于低速数据通信。IP交换技术是利用IP的智能化路由选择功能来控制ATM的交换过程，即根据通信流的特性来决定是进行路由选择还是进行交换。IP交换的基本概念是流的概念，其核心是对流进行传送。对于持续期长、业务量大的流在ATM硬件中直接交换，因此传输时延小、容量大；而对于持续期短、业务量小、呈突发分布的流则通过IP交换控制器中的IP路由软件完成，提高了传送效率。IP交换的缺点是只支持IP协议，同时它的效率依赖于具体的用户环境，适于持续期长、业务量大的用户数据传送，反之则效率将大打折扣。

习 题

1. TCP/IP与OSI参考模型有哪些不同？
2.请说出TCP/IP模型各层功能。
3.路由器具有哪些功能？
4.请简述路由动作的过程。
5.什么是IP交换？
6.IP交换对不同的流如何处理？
7.GSMP协议及IFMP协议各有什么作用？

第7章 下一代网络与软交换

7.1 下一代网络

7.1.1 下一代网络（NGN）产生的背景

自 1876 年贝尔发明电话以来，通信的发展经历了若干阶段，时至今日，现代通信在经过 100 多年的发展后，已经深刻影响了人类社会的方方面面。

但是，随着 Internet 的兴起和随之而来的数据网络的发展，现有通信网络逐渐暴露出其固有的局限性，已经越来越无法适应新的形势，需要变革和发展。

就现阶段而言，最现实，最直接的压力就是如何开放网络，并解决多个网络之间实现互通及业务融合的问题。为了解决上述问题，下一代网络（NGN）应运而生。NGN 包含了正在发生的网络构筑方式的多种变革，它为通信业提供了发展方向。

从运营的观点看，仅仅提供简单的业务不再能产生足够的效益，要向用户提供范围广泛的、有用的和使用方便的业务，包括为商业用户提供提高工作效率的固定业务和移动业务，为住宅用户提供休闲业务，等等。现有通信网络中的业务和设备是紧耦合的，提供新业务需要对众多的设备进行更新，周期长，见效慢，而 NGN 则可快速提供新业务。

NGN 在网络构筑方式上有很大的变化，运营成本低于传统网络。现有的通信网络有着各自独立的交换和传输设备，这不仅增加了网络建设成本，也带来了高昂的运行维护成本。而 NGN 能够用统一的设备组成其核心网，降低了建设和运营成本。这一点对于激烈竞争条件下的运营商来说特别重要。

7.1.2 下一代网络的定义

（1）ITU-T 的定义。

2004 年 2 月 3～12 日 ITU-T SG13 2001～2004 研究期第六次会议，初步完成定义：NGN 是基于分组技术的网络：能够提供包括电信业务在内的多种业务；在业务相关功能与传送下层传送相关功能分离的基础上，能够利用多种带宽、有 QoS 支持能力的传送技术；能够为用户提供到多个运营商的无限制接入；能够支持普遍的移动性，确保用户一致的、普通的业务提供能力。

（2） ETSI 的定义。

在 ITU-T 启动 NGN 项目之前，ETSI 的 NGN 启动小组对 NGN 进行了初步定义，在其报告中建议把 NGN 定义为：NGN 是定义和部署网络的一个概念，由于它们形式上分为不同的层面并使用开放的接口，所以 NGN 给服务提供商与运营商提供了一个能逐步演进的平台，不断创造、开放和管理新的服务。实际上，此定义已经运用到 ITU 的 GII 标准化中。

7.1.3 下一代网络的特点

在ITU-T相关规范中，NGN具有以下特点：

（1）支持业务的多样化，可支持语音、数据和多媒体业务。

（2）基于分组的传送。

（3）承载与控制、控制与业务分离，服务的提供要与网络分开，也就是说，服务功能与传送功能是分开的。服务必须得到支持并能不断演进，并与网络基础设施无关。

（4）业务与网络松耦合并提供开放的第三方接口，为了适应完全开放与竞争的环境，网络结构和功能组织应当提供开放式接口，其中应用编程接口可快速生成和运行服务。

（5）端到端的宽带传送能力。

（6）能与传统网融合，应提供与传统网（PSTN等）的互操作与互通，允许平滑过渡到NGN。

（7）支持终端移动性。

（8）方便管理与维护。

（9）高的服务质量、安全性和可靠性，面对新服务之需求的急剧增长，NGN应当支持所有各种服务的提供（例如多媒体、数据、视像和电话），这些将依靠各种各样的传送特性——实时与非实时，由低到高的数据速率，不同的QoS，点到点、组播/广播/会话/会议等。

（10）可持续发展。

7.1.4 NGN的体系结构

（1）NGN的网络架构。

NGN将传统交换机的功能模块分离成为独立的网络部件，各个部分可以按相应的功能划分各自独立发展。部件间的协议接口基于相应的标准。

①网络结构横向分层。

从网络结构横向分层的观点来看，NGN主要可分为边缘接入和核心网络两大部分。

边缘接入

由各种宽、窄带接入设备、各种类型的接入服务器，边缘交换机/路由器和各种网络互通设备构成。

● 核心网络

由基于DWDM的光传送网连接骨干ATM交换机和/或骨干IP路由器构成。

②网络功能纵向分层。

从网络功能纵向分层的观点来看，根据不同的功能可将网络分解成以下4个功能层面：

● 业务和应用层

处理业务逻辑，其功能包括IN（智能网）业务逻辑、AAA（认证，鉴权，计费）和地址解析，且通过使用基于标准的协议或API来发展业务应用。

● 控制层

负责呼叫逻辑，处理呼叫请求，并指示传送层建立合适的承载连接。控制层的核心设备是软交换，软交换需要支持众多的协议接口，以实现不同类型网络的互通。

● 传送层

指NGN的承载网络。负责建立和管理承载连接，并对这些连接进行交换和选路，用相应控制层的控制命令，可以是 IP 网或 ATM 网。

- 边缘接入层

由各类媒体网关和综合接入设备（IAD）组成，通过各种接入手段将各类用户连接至网络，并将信息格式转换成能在分组网络上传递的信息格式。

（2）NGN 的主要业务。

NGN 不仅提供现有的电话业务和智能网业务，还可以提供与互联网应用综合的业务、多媒体业务等。另外，通过提供开放的接口，引入业务网络的概念，也就是说将来业务开发商和网络提供商可以按照一个标准的协议或接口进行开发，快速提供各种各样的业务，使得新业务的开发和引入能够迅速实现。

NGN 提供的业务主要有以下几种：

①PSTN 的语音业务：

包括基本的 PSTN/ISDN 语音业务、标准的补充业务、Centrex 业务和智能业务。

②与 Internet 相结合的业务：

包括点击拨号、Web800、即时消息、同步浏览、个人通信管理。

③多媒体业务：

包括桌面视频呼叫/会议、协同应用、流媒体服务。

④开放的业务接口：

NGN 不仅能够提供上述业务，更重要的是能够提供新业务开发和接入的标准接口。这些接口包括 JAIN、Parlay、SIP。

（3）NGN 支持的协议。

NGN 功能实体之间需要采用标准的通信协议。这些协议主要有 ITU-T 和 IETF 等国际标准组织定义。NGN 体系中主要涉及的协议有以下几种：

①呼叫控制协议：SIP、SIP-T 和 BICC 协议。

SIP 由 IETF 制定，是用来建立、修改和终结多媒体会话的应用层协议，有较好的扩展能力。

SIP-T 将传统电话网信令（目前仅对 ISUP 消息）通过“封装”和“翻译”转化为 SIP 消息，提供了用 SIP 实现传统 PSTN 与 SIP 网络互连的机制。在 NGN 中，SIP 终端同软交换之间、软交换同应用服务器之间运行 SIP；SIP（SIP-T）已被软交换接受为通用的接口标准，以实现软交换之间的互连。

BICC 协议有 ITU-T 指定，源于 N-ISUP 信令。

为了实现与现有网络的互通，软交换设备还需支持传统电话网和早期 VoIP 网络使用的 ISUP、H.323 等呼叫控制协议。

②媒体网关控制协议：MGCP 和 Megaco/H.248 协议。

MGCP 是 IETF 的一个草案，是目前使用最多的媒体网关控制协议。

Megaco/H.248 协议由 IETF 和 ITU-T 联合开发，它是在 MGCP 的基础上，结合了其他媒体网关控制协议的一些特点发展而成的。它提供了控制媒体建立、连接、释放的命令与保证这些信令执行的控制。同时也可以携带一些随路呼叫信令。

③基于 IP 的媒体传送协议。

NGN 使用 RTP/RTCP 作为媒体传送协议。

④业务层协议/API。

可使用的业务层协议和 API 包括 SIP、Parlay、JAIN。为实现传统智能网业务，软交换设备还应支持 INAP。

⑤基于 IP 的 PSTN 信令传送协议。

基于 IP 的 PSTN 信令传送协议主要有 IUA、M3UA、M2PA，这些信令协议基于 SCTP/IP 进行传递。

⑥其他类型协议。

包括网络管理协议、资源配置管理协议、认证计费鉴权协议、网络时间同步协议。

7.1.5 NGN 的主要技术

NGN 需要得到许多新技术的支持。目前为大多数人所接受的 NGN 相关技术是：采用软交换技术实现端到端业务的交换；采用 IP 技术承载各种业务，实现三网融合；采用 Ipv6 技术解决地址问题，提高网络整体吞吐量；采用多协议标签交换实现 IP 层和多种链路层协议（ATM/FR、PPP、以太网、SDH、光波）的结合；采用光传输网和光交换网络解决传输和高带宽交换问题；采用宽带接入手段解决“最后一公里”的用户接入问题。因此，可以预见实现 NGN 的关键技术是软交换技术、高速路由/交换技术、大容量光传送技术和宽带接入技术。其中软交换技术（含移动软交换技术）是 NGN 的核心技术。

（1）软交换技术。

作为 NGN 的核心技术，软交换是一种基于软件的分布式交换和控制平台。软交换的概念基于新的网络功能模型分层（分为接入层、媒体/传送层、控制层与网络业务层 4 层）概念，从而对各种功能作不同程度的集成，把它们分离开来，通过各种接口协议，使业务提供者非常灵活地将业务传送和控制协议结合起来，实现业务融合和业务转移，非常适用于不同网络并存互通的需要，也适用于从语音网向多业务/多媒体网的演进。

（2）高速路由/交换技术。

高速路由处于 NGN 的传送层，实现高速多媒体数据流的选路和交换，是 NGN 的交通枢纽。NGN 的发展方向除了大容量、高带宽的传输/选路/交换以外，还必须提供大大优于目前 IP 网络的 QoS、IPv6 和 MPLS 提供这个可能性。作为网络协议，NGN 将基于 IPv6。IPv6 相对于 Ipv4 的主要优势是：扩大了地址空间，提高了网络的整体吞吐量，服务质量得到很大改善，安全性有了更好的保证，支持即插即用和移动性，更好地实现了组播功能。

MPLS 是一种将网络第 3 层和 IP 选路/寻址与网络第 2 层的高速数据交换相结合的新技术。它兼有电路交换和现有选路方式的优势，能够解决当前网络存在的很多问题，尤其是 QoS 和安全性问题。

（3）大容量光传送技术。

光纤传输：NGN 需要更高的速率和更大的容量。但到目前为止，能够看到的，并能实现的最理想的传送媒介仍然是光。因为只有利用光谱才能带来充裕的带宽。光纤高速传输技术现正沿着扩大单一波长传输容量、超长距离传输和密集波分复用系统 3 个方向发展。

光交换与智能光网：只有高速传输是不够的，NGN 需要更加灵活、更加有效的光传送网。组网技术现在正从具有分插复用和交叉连接功能的关联网向利用光交换机构的智能光网发展，即从环形网向网状网发展，从光-电-光交换向全光交换发展。智能光网在容量灵活性、成本有效性、网络可扩展性、业务提供灵活性、用户自助性、覆盖性和可靠性等方面，比点到点传输系统和光联网具有更多的优越性。

（4）宽带接入技术。

NGN 必须有宽带接入的支持，因为只有接入的带宽瓶颈被打开，各种宽带服务与应用才能开展起来，网络容量的潜力才能真正发挥。这方面的技术五花八门，其中主要技术有高速数字用户线、基于以太网无源光网的光纤到家、自由空间光系统、无线网和移动网。

7.2 软交换技术

7.2.1 软交换概述

软交换是一种功能文体，为下一代网络 NGN 提供具有实时性要求的业务呼叫控制和连接控制功能，是下一代网络呼叫与控制的核心。简单地看，软交换是实现传统程控交换机的“呼叫控制”功能的实体，但传统的“呼叫控制”功能是和业务结合在一起的，不同的业务所需要的呼叫控制功能不同，而软交换则是与业务无关的，这要求软交换提供的呼叫控制功能是各种业务的基本呼叫控制。相信未来的软交换应该是尽可能简单的，智能控制功能则尽可能地移至外部的业务和/或应用层。

7.2.2 软交换的定义

下一代网络是集话音、数据、传真和视频业务于一体的全新网络。在向未来网络发展的过程中，运营商们已经越来越清楚地意识到：业务已经逐渐成为运营商区别于同行而立于不败之地的主要因素。软交换思想正是在下一代网络建设的强烈需求下孕育而生的。

从广义上看，软交换泛指一种体系结构，利用该体系结构可以建立下一代网络框架，其功能可以涵盖传输接入层、媒体层面、控制层面和网络服务层 4 个功能层面，它主要由软交换设备、信令网关、媒体网关、应用服务器、lAD 等组成。

从狭义上看，软交换指软交换设备，定位在控制层。软交换设备是一个市场术语，它还有多个名称，如呼叫服务器、呼叫代理、媒体网关控制器，等等。随着传统的电路交换向分组交换转变的趋势逐步明朗，媒体网关控制协议标准化进程的不断深入，软交换论坛的成立和人们对电路交换的深刻理解，“软交换”一词得到越来越多厂商的认可。换句话说，软交换不仅包含了呼叫服务器、呼叫代理、媒体网关控制器等设备的全部功能，而且还增加了一些扩展功能。目前，朗讯、阿尔卡特、北电、西门子、Cisco、爱立信、Sonus、中兴、华为等许多设备制造商开始研制软交换设备，并开始在网上进行试验或小范围的商用。图 7-1 为软交换示意图。

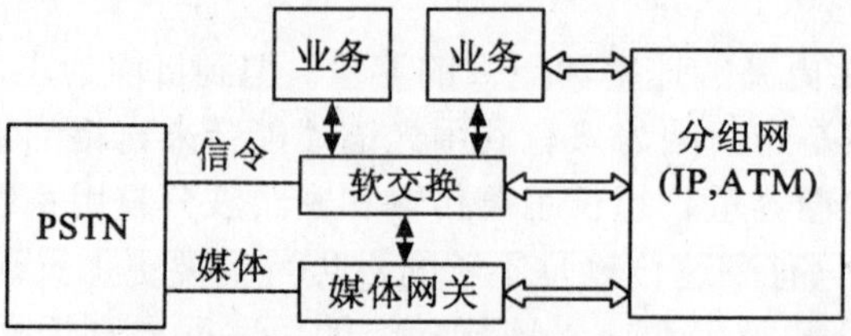

图 7-1　软交换示意图

在电路交换网中，呼叫控制、业务提供以及交换矩阵均集中在一个交换系统中，而软交换的主要设计思想是业务/控制与传送/接入分离，各实体之间通过标准的协议进行连接和通信，以便在网上更加灵活地提供业务，如图 7-2 所示。更具体地讲，软交换是基于“网络就是交换”的理念，它是一个基于软件的分布式交换/控制平台，将呼叫控制功能从网关中分离出来，利用分组网代替交换矩阵，开放业务、控制、接入和交换间的协议，从而真正实现多厂家的网络运营环境，并可以方便地在网上引入多种业务。

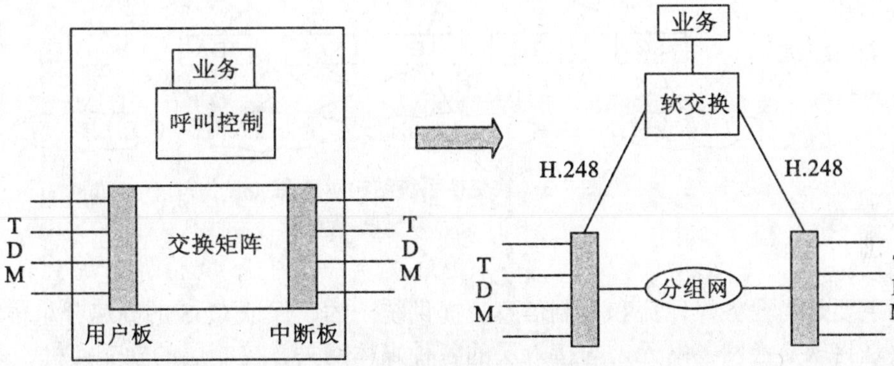

图 7-2 电路交换模式与软交换模式

综上所述，软交换的设计思想十分符合在 7.1 节中已经提到的下一代网络的重要特点——开放式体系架构、业务驱动和分组化的网络，它吸取了 IP、ATM、IN 和 TDM 等众家之长，完全形成分层的全开放的体系架构，使得运营商可以根据自己的需要，全部或部分利用软交换体系产品，采用适合自己的网络解决方案，在充分利用现有资源的同时，寻找到自己的网络立足点。这就是为什么我们说软变换是下一代分组网中语音业务、数据业务和视频业务呼叫、控制、业务提供的核心设备，同时也是电路交换网向分组交换网演进的重要设备。下一代网络在功能上可分为如下 4 层，即接入传送层、媒体层、控制层和网络服务层。从软变换所支撑的功能看，软交换应在这 4 个层面中位于控制层。

7.2.3 软交换的体系结构

（1） 软交换的网络结构。

软交换网络的主要思想是业务与控制，传输与接入相分离，各实体间通过标准的协议进行连接和通信。软交换位于网络的控制层，提供各种业务的呼叫控制、连接以及部分应用业务。整个网络分为四个层面：业务应用层，控制层，传输层和媒体接入层，如图 7-3 所示。

①媒体接入层。

媒体接入层负责将各种不同的网络及终端设备接入，主要把现有的网络相关的各种网关或终端设备接入软交换控制的网中。它能够将用户连接到网络，并把业务量集中后利用公共的传输平台传输到目的地。接入层的设备包括各种不同的网络、终端设备以及各种网关设备。这些网络或终端设备可以是 PSTN 网、ATM 网络、帧中继网络、移动网络、各种 IP 电话终端及模拟终端等。它们通过不同的网关或接入设备接入核心网络。

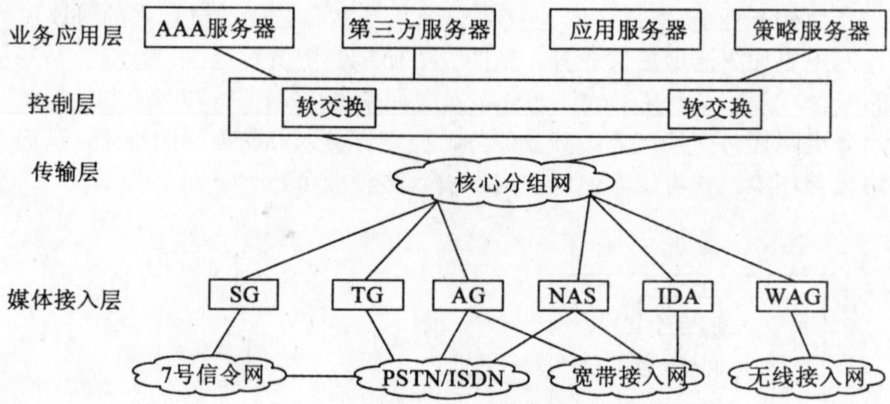

图 7-3　软交换系统结构示意图

②传输层。

传输层主要是为业务媒体流和控制信息流提供统一的、保证 QoS 的高速分组传输平台，其任务主要是将软交换网各网元，与接入层的各种媒体网关、控制层的软交换机、业务应用层的各种服务器平台等连接起来。软交换的各网元间采用 IP 数据包传输各种控制信息和业务信息，因而传输层实际上就是一个 IP 承载网络。

③控制层。

控制层完成各种呼叫控制功能，并负责相应的业务处理信息的传输。该层最主要的设备就是软交换系统，其地位相当于传统通信网中的交换机，是网络的核心设备。软交换系统的主要功能是完成媒体接入层中所有媒体网关的业务控制及媒体网关之间通信的控制。为了支持与传统电信网的信令互通，该层还包含信令网关，其主要作用是提供 ISDN 用户部分（ISUP）信令和智能网应用协议（INAP）信令在 IP 网络上的透明传输。

④业务应用层。

业务应用层主要是指面向用户提供各种应用和服务的设备。它采用开放、综合的业务接入平台，为 NGN 提供各种增值业务、多媒体业务和第三方业务，同时还具有相应的业务生成和维护环境。业务应用层可能包括应用服务器、AAA 服务器、业务控制点（SCP）、策略服务器、第三方服务器、媒体服务器、网络管理系统、计费和账务系统、位置服务器和特征服务器等。

（2）软交换的功能结构。

软交换是多种逻辑功能实体的集合，提供综合业务的呼叫控制、连接以及部分业务功能，是下一代电信网中语音/数据/视频业务呼叫、控制和业务提供的核心设备，也是目前电路交换网向分组网演进的主要设备之一。软交换的主要设计思想是业务/控制分离，各实体之间通过标准的协议进行连接和通信，其功能结构如图 7-4 所示。

①业务提供功能。

网络发展的根本目的是提供业务。目前、许多厂家提供的软交换可以支持电路交换机提供的业务，如软交换自身可以提供诸如呼叫前转、主叫号码显示、呼叫等待、缩位拨号、呼出限制、免打扰服务等程控交换机提供的补充业务。软交换还可以与现有智能网配合提供现有智能网提供的业务等。

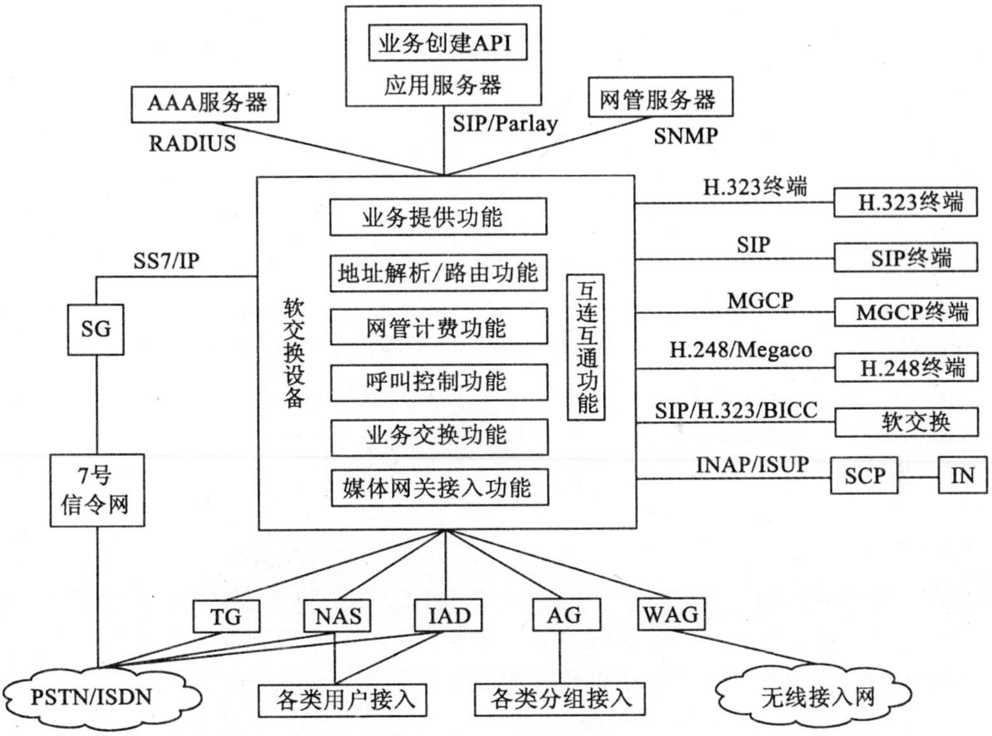

图 7-4　软交换的功能结构

NGN 可以说是业务驱动的网络，软交换的引入主要是提供控制功能，而应用服务器（Application Server）则是 NGN 中业务支撑环境的主体，也是业务提供、开发和管理的核心，从这个角度来看，下一代网络是以软交换设备和应用服务器为核心的网络。软交换的业务提供功能应主要体现在可以与第三方合作，提供多种增值业务和智能业务。这样不仅增加服务的种类，而且加快了服务应用的速度。

②地址解析/路由功能。

软交换设备可以完成 E.164 地址至 IP 地址，别名地址至 IP 地址的转换功能，同时也可完成重定向的功能。

③网管与计费功能。

软交换既可以支持本地维护功能，又可以通过内部的 SNMP 代理模块与支持 SNMP 协议的网络中心进行通信。跟传统电信设备一样，软交换实现的管理功能为配置管理、性能管理、故障管理和安全管理等，包括话务拥塞控制、业务质量控制、路由动态调整、故障管理与恢复、告警管理等。同时，软交换具有采集详细话单及复式计次功能，并能够按照运营商的需求将话单传输到相应的计费中心，当使用计账卡等业务时，软交换应具备实时断线功能。

④呼叫控制与处理功能。

软交换设备可以为基本呼叫的建立、维持和释放提供控制功能，包括呼叫处理、连接控制、智能呼叫触发检出和资源控制等。例如：当用户 A 希望与用户 B 通信并拨打用户 B 的号码后，该号码由媒体网关通过 H.248 协议送往软交换，由软交换对用户 B 的号码进行分析，完成用户 A 和用户 B 的呼叫建立。此时要求软交换应能够识别媒体网关报告的用户摘机、拨号和挂机等事件，控制媒体网关向用户发送各种音信号，如拨号音、振铃音、回铃音等。另外，软交换还可以支持两方呼叫控制和多方呼叫控制功能，如多方呼叫的特殊逻辑关系、呼叫成员的加入/退出/隔离/傍听以及混音过程的控制等。

⑤业务交换功能。

所谓业务交换功能就是识别智能网呼叫，并把它上报给业务控制功能（SCF），最终由SCF控制整个呼叫，从而保证软交换网络内的用户享用现有智能业务。SCF的主要功能是提供对智能业务进行逻辑控制的业务逻辑，处理与业务有关的行为。

业务交换功能与呼叫控制功能相结合提供了呼叫控制功能和业务控制功能之间进行通信所要求的一组功能，它主要包括：

- 业务控制触发的识别以及与SCF间的通信。
- 管理呼叫控制功能和SCF之间的传令。
- 按要求修改呼叫连接处理功能，在SCF控制下处理IN业务请求。
- 业务交互作用管理。

⑥媒体网关接入功能。

媒体网关接入功能可以认为是一种适配功能，它可以通过H.248协议将各种媒体接入软交换系统，如PSTN/ISDN、IP中继媒体网关、ATM媒体网关、用户媒体网关、无线媒体网关、数据媒体网关等，完成H.248协议功能。同时，它还可以直接与H.323终端和SIP（会话发起协议）客户端进行连接，以提供相应的服务。

⑦互连互通功能。

软交换是下一代网络的核心设备，各运营商在组建以软交换为核心的软交换网络时，其网络体系架构可能有所不同，但必须考虑与其他各种网络的互通，如与现有7号信令网的互通、与现有智能网的互通，以及与采用H.323协议的IP电话网的互通，等等。

例如，图7-5所示为软交换网络与基于H.323协议的IP电话网的互通示意图，图中在同一运营商的网络内软交换网络与现有 IP 电话网互通的互连点设置在软交换设备与最低级网守之间，即通过软交换与H.323体系中的二级或一级（在没有二级网守的情况下）网守完成这两个网络体系之间的互通。在不同运营商之间互通的互连点设置在软交换与顶级网守之间。

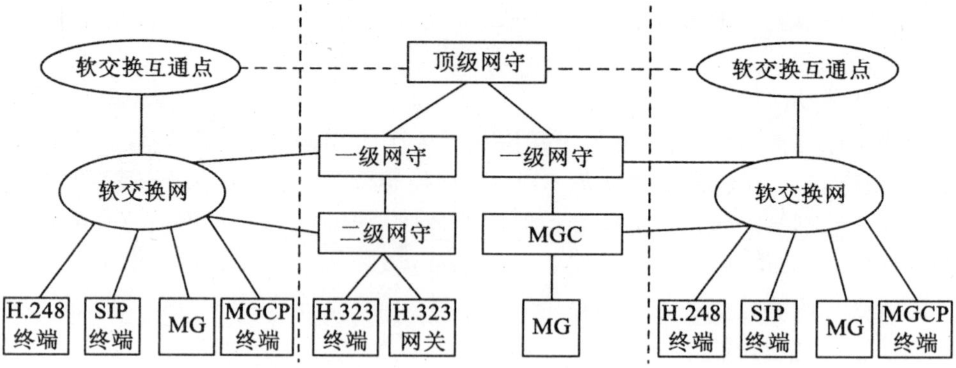

图7-5　软交换网络与基于H.323协议的IP电话网的互通示意图

（3）软交换的对外接口。

作为 NGN 中的核心设备，软交换要与网络中很多功能实体进行交互，为了便于网络各部件的独立发展，软交换与其他功能实体间必须采用标准的开放接口，如图7-6所示。

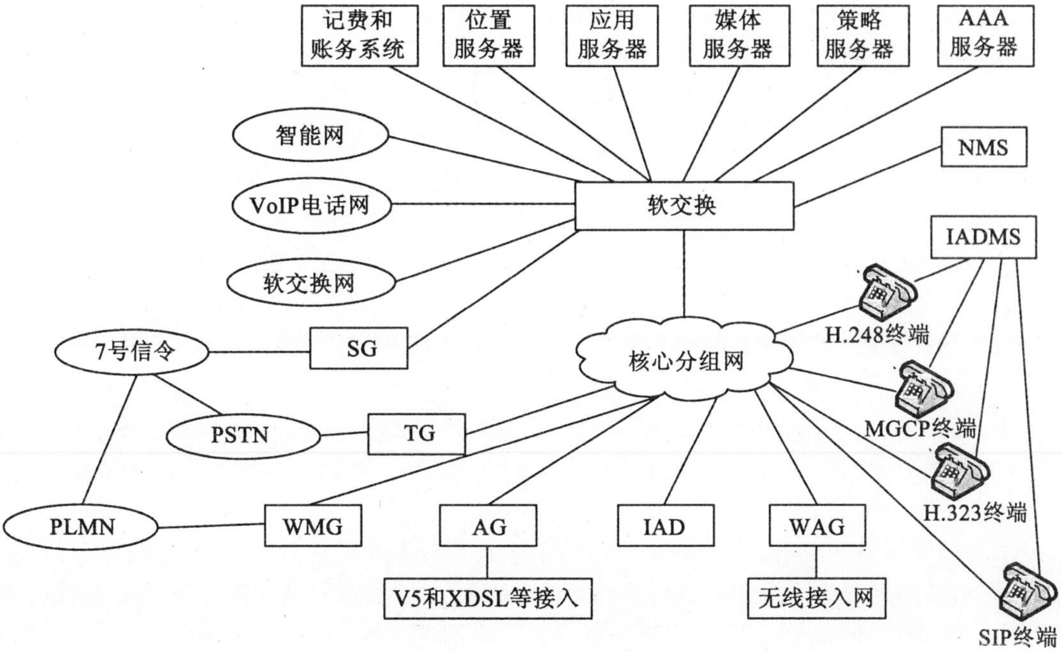

图 7-6　软交换的对外接口

其中包括软交换与信令网关间的接口、软交换与媒体网关之间的接口、软交换与综合接入设备之间的接口、软交换与智能终端之间的接口、软交换与媒体服务器之间的接口等。

7.2.4　软交换的主要特点

软交换主要有以下特点：

（1）高效灵活。

软交换体系结构的最大优势在于将应用层和控制层与核心网络完全分开，有利于以最快的速度、最有效的方式引入各类新业务，大大缩短了新业务的开发周期。利用该体系架构，用户可以非常灵活地享受该体系结构所提供的业务和应用。

（2）开放性。

由于软交换体系架构中的所有网络部件之间均采用标准协议，因此各个部件之间既能独立发展、互不干涉，又能有机组合成一个整体，实现互连互通。这样，“开放性”成为软交换的一个最主要的特点，运营商可以根据自己的需求选择市场上的优势产品，实现最佳配置，而无须拘泥于某个公司、某种型号的产品。

（3）多用户。

软交换的设计思想迎合了电信网、计算机网及有线电视网三网合一的大趋势。模拟用户、数字用户、移动用户、ADSL 用户、ISDN 用户、IP 窄带网络用户、IP 宽带网络用户都可以享用软交换提供的业务，因此它不仅为新兴运营商进入语音市场提供了有力的技术手段，也为传统运营而保持竞争优势开辟了有效的技术途径。目前各运营商都认为可以对软交换进行深入研究，探索其在网络发展、演进和融合过程中的作用。

（4）强大的业务功能。

软交换可以利用标准的全开放应用平台为客户定制各种新业务和综合业务，最大限度地满足用户需求。特别是软交换可以提供包括语音、数据和多媒体等各种业务。这就是软交换被越来越多的运营商接受和利用的主要原因。

7.2.5 软交换组网设备

软交换组网设备主要包括下列设备：

（1）软交换控制设备（Softswitch Control Device）是网络中的核心控制设备（也就是我们通常所说的软交换）。它完成呼叫处理控制功能、接入协议适配功能、业务接口提供功能、互连互通功能、应用支持系统功能等。

（2）业务平台（Service Platform）完成新业务生成和提供功能，主要包括 SCP 和应用服务器。

（3）信令网关（Signaling Gateway）目前主要指七号信令网关设备。传统的七号信令系统是基于电路交换的，所有应用部分都是由 MTP 承载的，在软交换体系中则需要由 IP 来承载。

（4）媒体网关（Media Gateway）完成媒体流的转换处理功能。按照其所在位置和所处理媒体流的不同可分为：中继网关（Trunking Gateway）、接入网关（Access Gateway）、多媒体网关（Multimedia Service Access Gateway）、无线网关（Wireless Access Gateway）等。

（5）IP 终端（IP Terminal）目前主要指 H.323 终端和 SIP 终端两种，如 IP Phone、P C 等。

（6）其他支撑设备。如 A A A 服务器、大容量分布式数据库、策略服务器（Policy Server）等，它们为软交换系统的运行提供必要的支持。

软交换设备（softswitch），曾被称为呼叫服务器（callserver）、呼叫代理（callagent）或媒体网关控制器（MediaGatewayControl），是 VoIP 体系中把呼叫控制功能从媒体网关中分离出来，通过服务器上的软件实现基本呼叫控制功能的产物。1999 年后，软交换设备这一名词为业界普遍认可，成为最后的通用概念。

软交换设备是电路交换网向分组网演进的核心设备，也是下一代电信网络的重要设备之一。它独立于底层承载协议，主要完成呼叫控制、媒体网关接入控制、资源分配、协议处理、路由、认证、计费等主要功能。并可以向用户提供现有电路交换机所能提供的所有业务和多样化的第三方业务。

软交换具有以下所述十大功能：

（1）媒体网关接入功能。

媒体网关功能是接入到 IP 网络的一个端点/网络中继或几个端点的集合，它是分组网络和外部网络之间的接口设备，提供媒体流映射或代码转换的功能。例如，PSTN/ISDN IP 中继媒体网关、ATM 媒体网关、用户媒体网关和综合接入网关等，支持 MGCP 协议和 H.1248/MEGACO 协议来实现资源控制、媒体处理控制、信号与事件处理、连接管理、维护管理、传输和安全等多种复杂的功能。

（2）呼叫控制和处理功能。

呼叫控制和处理功能是软交换的重要功能之一，可以说是整个网络的灵魂。它可以为基本业务/多媒体业务呼叫的建立、保持和释放提供控制功能，包括呼叫处理、连接控制、智能呼叫触发检出和资源控制等。支持基本的双方呼叫控制功能和多方呼叫控制功能，多方呼叫控制功能包括多方呼叫的特殊逻辑关系、呼叫成员的加入/退出/隔离/旁听等。

（3）业务提供功能。

在网络从电路交换向分组交换的演进过程中，软交换必须能够实现 PSTN/ISDN 交换机所提供的全部业务，包括基本业务和补充业务，还应该与现有的智能网配合提供智能网业务，也可以与第三方合作，提供多种增值业务和智能业务。

（4）互连互通功能。

下一代网络并不是一个孤立的网络，尤其是在现有网络向下一代网络的发展演进中，不可避免地要实现与现有网络的协同工作、互连互通、平滑演进。例如，可以通过信令网关实现分组网与现有 7 号信令网的互通；可以通过信令网关与现有智能网互通，为用户提供多种智能业务；可以采用 H.323 协议实现与现有 H.323 体系的 IP 电话网的互通；可以采用 SIP 协议实现与未来 SIP 网络体系的互通；可以采用 SIP 或 BICC 协议与其他软交换设备互联；还可以提供 IP 网内 H.248 终端、SIP 终端和 MGCP 终端之间的互通。

（5）协议功能。

软交换是一个开放的、多协议的实体，因此必须采用各种标准协议与各种媒体网关、应用服务器、终端和网络进行通信，最大限度地保护用户投资并充分发挥现有通信网络的作用。这些协议包括 H.323、 SIP、H.248、MGCP、SIGTRAN、RTP、INAP 等。

（6）资源管理功能。

软交换应提供资源管理功能，对系统中的各种资源进行集中管理，如资源的分配、释放、配置和控制，资源状态的检测，资源使用情况统计，设置资源的使用门限等。

（7）计费功能。

软交换应具有采集详细话单及复式计次功能，并能够按照运营商的需求将话单传送到相应的计费中心。

（8）认证与授权功能。

软交换应支持本地认证功能，可以对所管辖区域内的用户、媒体网关进行认证与授权，以防止非法用户/设备的接入。同时，它应能够与认证中心连接，并可以将所管辖区域内的用户、媒体网关信息送往认证中心进行接入认证与授权，以防止非法用户、设备的接入。

（9）地址解析功能。

软交换设备应可以完成 E.164 地址至 IP 地址、别名地址至 IP 地址的转换功能，同时也可以完成重定向功能。对于号码分析和存储功能，要求软交换支持存储主叫号码 20 位，被叫号码 24 位，而且具有分析 10 位号码然后选取路由的能力，具有在任意位置增、删号码的能力。

（10）话音处理功能。

软交换设备应可以控制媒体网关是否采用语音信号压缩，并提供可以选择的话音压缩算法，算法应至少包括 G.729、G.723.1 算法，可选 G.726 算法。同时，可以控制媒体网关是否采用回声抵消技术，并可对话音包缓存区的大小进行设置，以减少抖动对话音质量带来的影响。

7.2.6 软交换组网方式

随着 NGN 应用规模的扩大，软交换设备的数量逐步增加，必须解决好软交换控制层面设备如何组网的问题。软交换设备有三种组网方式：网状网、分层软交换、定位服务器组网。这三种方式各有优缺点，并表现出不同的适应性。

软交换组网的背景：

目前国内外各运营商的 NGN 商用和试验，规模均比较小，且多厂家软交换之间尚未实现各种业务的互通，但是随着 NGN 商用部署的加快，预计在今后 2～3 年内，会有更多的软交换系统进行商用部署，大规模的 NGN 网络将会形成。在此之前，迫切需要解决软交换组合组建大规模网络的问题，其中控制层面的软交换设备如何组网是一个关键问题。

当有多个软交换机时，必然涉及组网路由问题。软交换与软交换之间的组网有三种结构：软交换平面路由结构、软交换分级路由结构和定位服务器分级路由结构。这三种结构各有优缺点，并表现出不同的适应性。

软交换控制层组网的方法：

随着业务量及覆盖规模的增加，当软交换设备数量很多时，需要考虑软交换控制层面如何组网。软交换组网的方法有三种：

（1）软交换平面路由结构。

这种组网的特点为：路由功能由软交换设备实现，每个软交换都维护着全网所有用户的路由信息；软交换的路由信息静态配置；一个管理域网络的变化（如增减一个软交换节点）都会导致整网数据改变；软交换之间为逻辑网状网结构，通过一次地址解析就可以定位到被叫软交换。

这种组网方式的好处是网络简单，对软交换设备要求不高，当网络规模较小时，不失为一个比较好的选择。而当网络发展到一定规模后，网络路由越来越多，而软交换处理能力是一定的，这样就会限制软交换的覆盖范围或用户数。

（2）软交换分级路由结构。

这种组网方式的特点为：下级软交换之间与上层汇接软交换之间进行互联，软交换之间路由信息静态配置，软交换之间采用 SIP/SIP-T 或 BICC，但 SIP/SIP-T 是趋势。

分层的软交换概念与现有的 PSTN 网络分层设置非常相似，基本上就是把 PSTN 的组网概念搬到 NGN 网中，沿袭 PSTN 组网思路，技术成熟，但是效率较低。

（3）定位服务器分级路由结构。

引入有路由功能的服务器（定位服务器），交换路由信息和为软交换提供路由服务，这种组网方式，适应软交换的大规模网络组网。这种组网方式的特点为：定位服务器和与其服务的软交换组成一个 IP 电话管理域（ITAD）；ITAD 管理域内部；软交换之间是静态路由配置，软交换之间采用 SIP/SIP-T 协议；软交换与定位服务器可以采用简化 TRIP 或 SIP 协议进行路由信息的交换与解析请求（建议优先采用 SIP 协议）；软交换与定位服务器之间通过心跳信号保持联系；每个管理域可以设置两个或多个定位服务器实现冗余备份；ITAD 管理域之间、定位服务器之间通过 TRIP 协议进行路由信息动态更新，并在各个网元之间进行聚合、交换。

（4）三种软交换组网的优劣势比较（见表 7-1）。

表 7-1　　三种软交换组网的优劣势比较

组网模式	优　点	缺　点	说　明
平面结构	初期成本低，网络结构简单、成熟，是目前主要应用方式，能够平滑演进到动态平面路由	网络达到一定规模后，可控性较低，路由表维护较大	适合于 NGN 初期用，规模容量最小的时候最具有竞争力
分层软交换路由	路由相对简单，借鉴了 PSTN 网络的路由设置原则，具有一定的话务控制功能，数据维护工作量较小	网络难以演进，初期成本高，无应用实例，手工配置灵活较差，静态路由无自动通话机制，汇总网络有可能成为网络瓶颈	一种过渡方案；在网络建设初期，不如静态平面路由；在网络规模较大后，不如动态平面路由灵活
定位服务器（动态平面路由）	数据自动配置与刷新能力强，动态话务控制更灵活，目标网络结构，软交换路由简单，数据维护工作量最小，网络调整灵活性更大，具有自动路由聚合功能，易于配合开展双归属等网络级的备份，能够充分发挥本地网软交换话务处理能力	相对较差较复杂，成本较高，无应用实例，技术成熟性差	适合于全网，应当是未来发展的趋势，与 IP 网络技术的结合更加紧密

软交换组网建议：

综合考虑对运营商长期运营维护的好处及技术的成熟性，建议初期网络建设采用平面结构（少量软交换之间网状路由），同时通过制订标准、实验室测试等促进软交换动态路由的开发与应用，大规模网络建设建议采用定位服务器的动态平面路由。

7.3　软交换支持的主要协议

软交换网络是一个开放的体系结构，各个功能模块之间采用标准的协议进行互通，因此，软交换网络中涉及的协议繁多，表 7-2 汇总了软交换网络中用到的主要协议。

表 7-2 软交换网络协议汇总

协议类型	适用范围	协议/接口标准
IP 电话协议	软交换和终端间	H.323 和 SIP
媒体网关控制协议	软交换与媒体网关间	MGCP 和 H.248/MEGACO
SIGTRAN 协议	软交换与信令网关间	SCTP，M3UA，M2PUA，IUA，SUA
互通协议	软交换间	SIP-T/SIP-I/BICC
业务层协议	软交换与应用服务器间	Parlay API,SIP,JAIN 和 INAP

本章介绍 IP 电话协议，媒体网关控制协议，SIGTRAN 协议，以及软交换间的互通协议。

7.3.1 媒体网关控制协议

H.248 和 MEGACO 协议均称为媒体网关控制协议，应用在媒体网关和软交换之间、软交换与 H.248/MEGACO 终端之间，如图 7-7 所示。

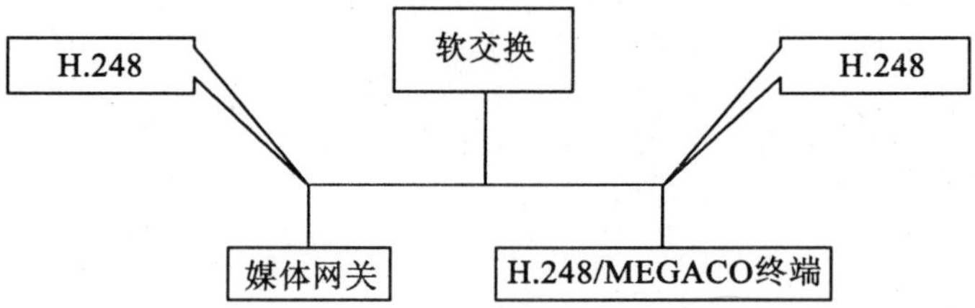

图 7-7 H.248/MEGACO 应用范围

H.248 是由 ITU-T 第 16 组提出来的，而 MEGACO 是由 IETF 提出来的。两个标准化组织在制定媒体网关控制协议过程中，相互联络和协商，因此 H.248 和 MEGACO 协议的内容基本相同。它们引入了终节点（Termination）和关联（Context）两个抽象概念。其中终节点发送和 / 或接收一个或者多个数据流。在一个多媒体会议中，一个终节点可以支持多种媒体，并且发送或者接收多个媒体流。在终节点中，媒体流参数、modem 和承载能力参数；而关联表明了在一些终节点之间的连接关系。H.248 和 MEGACO 通过 Add、Modify、Subtact、Move、AuditCapability、Notify 和 ServiceChange 8 个命令完成对终节点和关联之间的操作，从而完成呼叫的建立和释放。

由于 H.248/MEGACO 是 ITU-T 和 IETF 共同推荐的协议，因此许多设备制造商和运营商看好这个协议。

MGCP（媒体网关控制协议）也是由 IETF 提出来的，但比 MEGACO 推出的时间早，可以说 MEGACO 是对 MGCP 的改进和进一步完善。MGCP 应用在 MGCP 终端和软交换之间，当媒体网关支持 MGCP 协议时，也可以在 MGCP 媒体网关和软交换之间使用 MGCP，如图 7-8 所示。

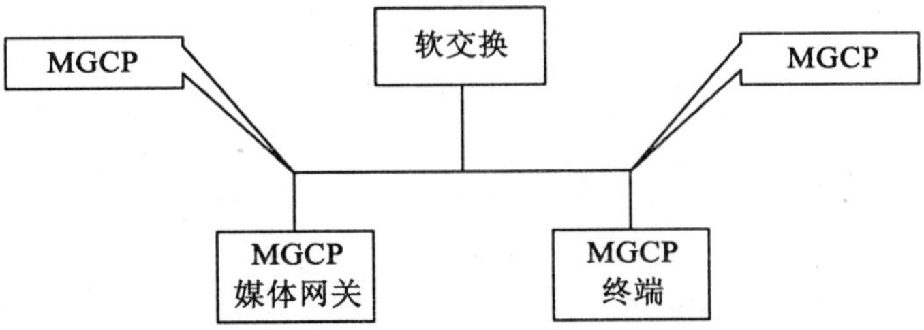

图 7-8　MGCP 应用范围

MGCP 的连接模型基于 endpoint（端点）和 conneticon（连接）两个构件。端点发送或接收数据流；连接由软交换控制的终端在呼叫涉及的端点间建立。MGCP 命令包括连接处理和端点处理两种命令共有 8 个，分别是 EndpointConfiguration、NotificationRequest,Notify、CreateConnection、ModifyConnection、DeleteConnecation、AuditEndpoint、RestartInProgress。

由于 MGCP 比 MAGACO 推出的时间早，因此目前许多厂家开发的终端和媒体网关均支持 MGCP 协议。

7.3.2　IP 电话协议

IP 电话协议是利用 Internet/Internet（IP）网络传递语音业务，即在分组交换网上通过 TCP/IP 协议实现传统的电话应用。IP 电话技术有两种体系，一个是 H.323 体系结构，另一个是 SIP 体系结构，本书只对 SIP 体系结构作详细的介绍。

SIP（会话初始协议）是 IETF 另一个小组提出的 IP 网络上进行多媒体通信的应用层控制协议，其设计思想与 H.248 / MEGACO / MGCP 完全不同。SIP 协议采用基于文本格式的客户服务器方式，以文本的形式表示消息的语法、语义和编码，客户机发起请求，服务器进行响应。SIP 主要用于 SIP 终端和软交换之间、软交换和软交换之间以及软交换与各种应用服务器之间，如图 7-9 所示。

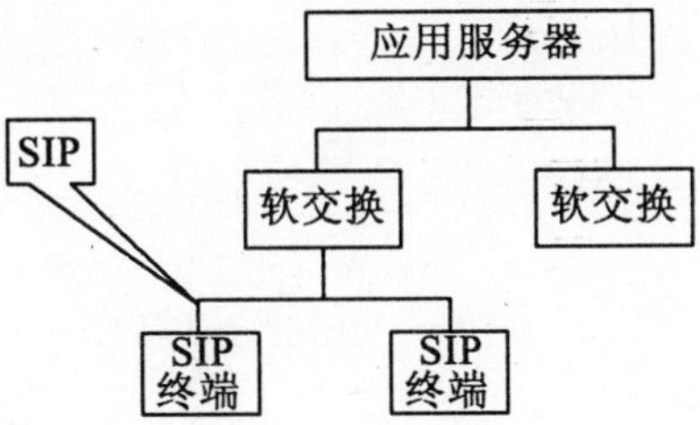

图 7-9　SIP 协议的应用范围

SIP 协议的出发点是想借鉴 Web 业务成功的经验，它通过使用 SIP 终端将网络设备的复杂性推向边缘，同时 SIP 可以充分利用已定义的头域，对其进行简单必要的扩充就能很方便地支持各项新业务和智能业务，有利于与 Internet 的各项应用集成开发 VOIP 的增值业务。目前 SIP 受到许多设备制造商，特别是数据产品制造商和应用开发商的青睐。

7.3.3　软交换间互通协议

软交换间互通协议有 SIP-T 协议、SIP-I 协议和 BICC 协议。本书只对 BICC 协议作详细的介绍。

BICC 协议的全称为与承载无关的呼叫控制协议，它是由 ITU-T 第 11 组提出的信令协议。BICC 协议属于应用层控制协议，可用于建立、修改和终结呼叫，可以承载全方位的 PSTN / ISDN 业务。它采用呼叫传令和承载传令功能分离的思路，重新定义一个骨干网络中使用的呼叫控制信令协议，包括 7 号信令网络、ATM 网络和 IP 网络在内的各种网络。呼叫控制协议基于 N-ISUP 传令，沿用 ISUP 的相关消息，并利用 ATM（Application Transport Mechanism）机制传送 BICC 特定的承载控制信息。由于采用了呼叫与承载分离的机制，使得异种承载网络之间的业务互通变得十分简单，只需要完成承载级的互通，业务不用进行任何修改。

BICC 协议可以在软交换之间使用。目前软交换之间可以用的控制协议有两种：SIP 协议和 BICC 协议，但具体应该采用哪种还没有定论。从协议的成熟度上讲，由于 SIP 协议的研究比 BICC 协议开展得要早，所以其成熟度要高于 BICC 协议。但 BICC 由于采用了 ISUP 形式，其与现有 7 号传令互通方面要强于 SIP。

7.3.4 SIGTRAN 协议

SS7/IP 协议主要应用于信令网关与软交换设备之间，它是以 IETF SIGTRAN 相关标准为基础的。SIGTRAN 的功能包括：在可靠的 IP 传输基础上，承载高层的信令协议；提供与 PSTN 接口上相同等级的业务；提供透明传输，使业务用户感觉不到使用适配层替换了原来的协议。其中 SCTP（Stream Control Transfer Protocol）是流控制传输协议，SIGTRAN 协议栈定义了六个适配层，M2UA,M2PA,M3UA,SUA,IUA,V5UA。本节重点介绍 M2PA、M3UA 和 SCTP 协议。

- SCTP 是 IETF SIGTRAN 小组提出的流控制传送协议，主要是在无连接的网络上传送 PSTN 信令消息，该协议可以在 IP 网上提供可靠的数据传输协议。SCTP 用来在确认方式下，无差错、无重复地传送用户数据;根据通路的 MTU 限制，进行用户数据的分段；并在多个流上保证用户消息的顺序递交；把多个用户的消息复用到 SCTP 的数据块中；利用 SCTP 偶联机制来提供网络级的故障情况下，用户信息可靠传送的保证，同时 SCTP 还具有避免拥塞的特点和避免遭受泛播和匿名的攻击。

SCTP 可以在 IP 网上承载 7 号信令，完成 IP 网与现有 7 号传令网和智能网的互通。同时 SCTP 还可以承载 H.248、ISDN、SIP、BICC 等控制协议，因此可以说，SCTP 是 IP 网上控制协议的主要承载者。

- M2PA（MTP2 层用户对等适配层协议）是把 No.7 MTP3 层适配到 SCTP 层的协议，它描述的传输机制可使任何两个 No.7 节点通过 IP 网上的通信完成 MTP3 消息处理和信令网管理功能，因此能够在 IP 网连接上提供与 MTP3 协议的无缝操作。此时软交换应具有一个独立的信令点。M2PA 提供的传输机制支持 IP 网络连接的 MTP3 协议对等层的操作。
- M3UA（MTP3 层用户适配层协议）是把 No.7 MTP3 层用户信令适配到 SCTP 层的协议。它描述的传输机制支持全部 MTP3 用户消息（TUP，ISUP，SCCP）的传送、MTP3 用户协议对等层的无缝操作、SCTP 传送偶联和话务的管理、多个软交换之间的故障倒换和负荷分担以及状态改变的异步报告。M3UA 和上层用户之间使用的原语同 MTP3 与上层用户之间使用的原语相同，并且在底层也使用了 SCTP 所提供的服务。

7.4　软交换网络的业务与运营模式

软交换网络为用户提供话音、数据和多媒体等各种形式的业务，这些业务具有丰富多彩的业务特征，它不仅能够将话音、图像和视频结合在一起，同时，还能够结合目前互联网上广泛使用的 Web 技术，向用户提供各种各样的特色业务。按照业务特点和业务的实现方式，这些业务可以分为三类，即基本业务，补充业务和增强业务。

7.4.1 基本业务

基本业务是在软交换网络中提供的最普通的业务，包括基本的话音、传真和点对点视频多媒体业务。

（1）话音业务

基本话音业务是指在软交换网络中，各类终端之间基本的通话业务，包括软交换所控制的 SIP 终端，H.323 终端，H.248 的 IDA 终端，MGCP 的 IDA 终端，以及通过 AG 接入的终端之间基本的通话业务。语音业务编码包括 G.711，G723.1 和 G.729。

（2）传真业务

传真业务是指在软交换网络中，各类终端交换之间发送和接收传真，包括软交换所控制的 SIP 终端，H.323 终端，H.248 的 IAD 终端，MGCP 的 IDA 终端，以及通过 AG 接入的终端之间的传真业务，有透传（T.38）两种方式。

（3）点对点视频多媒体业务

点对点视频多媒体业务是指多媒体终端之间的点对点视频通信，例如 SIP 终端和 H.323 终端之间的点对点视频通信。视频终端用户在建立连接之后，相互之间能够实时地传送音频信息和视频信息。

7.4.2　补充业务

补充业务是在基本业务的基础上增加用户的业务特征并由软交换进行业务控制的业务。软交换除了能够提供原有 PSTN/ISDN 网络所提供的各种补充业务以外，由于本身的能力和技术特点，软交换网络还可以为用户提供很多其他种类的补充业务。

由于软交换提供的补充业务种类繁多，目前无法穷尽全部业务，也不能对全部业务进行分类。根据现有业务的需求和使用情况，以及各种业务的特点和彼此之间的关系，目前可以明确分类的补充业务包括号码显示类，呼叫前转类，多方通话类，多方视频类和姓名显示类。对于其他补充业务，将根据需要陆续进行分类。

7.4.3　增强业务

在软交换网络中，软交换可以访问应用服务器等各种服务器，或者通过 API 访问第三方应用，为用户提供各种业务。这些业务控制和业务数据功能通常由各种服务器或者第三方提供，软交换仅作为呼叫控制实体。这类业务种类更加繁多，不同运营商，不同厂家叫法也不同。即使相同的业务和业务特性也可能使用不同的业务名称，而相同的业务名称也可能是不同业务形式，并且不同的业务之间有交叉和重复，很难做准确、细致的分类。这类业务统称为增强业务。

7.4.4 软交换网络提供业务的优势

通过软交换网络提供业务，可以为运营商带来以下好处：

（1）软交换网络能够带来新的差异化业务，运营商可以利用这些新业务拓展新的电信市场。

（2）运营商能够通过软交换网络业务迅速扩大市场份额。软交换网络中新业务的引入周期大大缩短，运营商可以根据市场的需求，快速调整业务策略，提供用户需要的新业务，迅速形成新的业务增长点。

（3）软交换网络能够提升运营商的业务品牌和市场形象。软交换网络可以为用户提供极富个性化的新业务，代表网络的发展方向，利用软交换网络开展业务能够树立运营商更加良好的市场形象。

（4）软交换网络提供开放灵活的业务生成环境。软交换网络允许新的业务在这个平台上，在任何时候，任何地点，以任何方式向用户提供服务，运营商也可以通过软交换网络的业务生成环境，实现想要开展的新业务。用户通过 Web 方式或智能终端来提出自己的新业务和业务执行逻辑。

（5）软交换网络支持多样的商业模式。在软交换网络中，业务提供商，业务运营商、业务代理商，业务批发商，网络提供商和 ISP 等多种角色以不同的关系参与电信市场，形成新的电信市场价值链。

7.4.5 软交换网络业务的开发运营模式

在软交换网络中，开放，融合的业务构架改变了业务提供和业务开发模式，这种改变可快速提供网络新业务。

软交换网络引入了新型业务开发模式，业务的生成，开发呈现“水平型”结构、业务与下层网络松耦合：

（1）符合协议标准的业务，可在不同的网络上开展。

（2）具有快速，易用，灵活，动态的业务开发环境。

（3）通过 SIP 和 API（如 Parlay）协议，使业务间具有良好的集成关系。

（4）开发难度和周期大大减少，第三方开发者只需要了解 SIP 和 API，无须了解底层电信网络复杂的具体特性。

（5）业务开发模式的改进和快速业务提供能力可为电信运营商带来巨大益处。

（6）将互联网开发模式引入电信领域。

（7）吸引数目庞大的 ASP/ISV，快速扩展新业务，提高商业收入。由于 ASP/ISV 具有特定领域的专业知识，可开发出特色业务，对于业务开发者来说，他们只须了解开放的接口（开放的接口屏蔽了电信网络的具体特性），即可开发出独立于具体网络的业务，扩大市场规模。

（8）业务架构的易用性使业务开发周期大大减少，成本降低。

（9）通过多方参与，降低商业风险。

（10）业务架构具有“防火墙”功能，提供完善的访问和鉴权机制，保护核心网络。

在这种“水平型”业务开发模式下，软交换网络的业务运作模式可以为运营商搭建统一业务应用（软交换和应用服务器），进行业务管理与控制，为应用服务器提供开放接口。

软交换网络业务在开放 API 的条件下，可以有以下两种业务模式。

方式 1：业务与应用由运营商提供。

这种方式与现在的智能网业务模式类似 ，在这种业务模式下，价值链结构比较简单，业务与应用由电信运营商提供，只存在电信运营商与设备商，应用商和内容提供商之间的关系。与以前的智能网不同的是由于采取了标准 API，所以业务和应用内容可以由其他 AP 提供，而不是完全依赖设备商提供，实力雄厚的运营商还可以自行开发。另外，由于应用平台和业务提供都在运营商域内，所以，物理应用平台和业务提供可以放在同一个设备中。

这种方式对于运营商的好处是：运营商可以完全控制上下游价值链中的关键环节，甚至包括业务的提供，该模式与传统电信运营模式最为相似，比较容易管理和被传统运营商接受。

但该模式的问题是：由于应用平台多种多样，一旦电信运营商选择了某一应用平台，那么业务的发展也就受到此应用平台的限制，另外，这种业务模式互连互通只能在网络层实现，由于互连互通等因素的制约，运营商最多只能做到本运营商内部各个不同网络之间的互通，而不同运营商之间的网络互通实现比较困难。

方式 2：业务与应用由第三方提供。

由运营商搭建统一业务应用平台，进行业务管理与控制，而运营商可以与 AP 或者 CP 签约来提供业务，业务与应用提供通过开放的 API 由第三方提供。

这种方式的优点是：多个第三方业务提供商的竞争，会促使提供商更加积极地开放市场，导入新业务。另外，选择了同一业务的不同用户也有了互通的可能。

这种方式的缺点是：加大了管理难度，如果电信运营商由于业务发展的需要或其他某种原因要更换新的应用平台，则必须说服所有的业务提供商基于新平台来提供业务，而这样可能会导致许多业务都要重新开发。此外，在业务发展的初期，电信运营商可以利用网络优势来制定游戏规则，在价值链中掌握主动权。但随着业务的发展，如果运营商依然只单纯作为承载网络提供商，而不积极参与业务提供的其他环节，则可能会逐步丧失主动权。因为在该业务模式下，谁能够最接近用户，抓住用户，谁就能占据更大的主动。

在考虑软交换网络运营模式时，可考虑将上述两种方式结合。在初期，软交换网络业务可由运营商自己提供，待软交换网络相对成熟之后，再通过开放的 API，由第三方来提供业务。

7.5 软交换主要应用

（1）虚拟中继（Virtual Trunking）。

提供电信级、7 号信令端到端的大规模 VOIP/ATM 呼叫。Softswitch 与 MG 之间通过 MFCP/H.248 通信，Softswitch 可面向其他网络提供 SS7、INAP、H.323，SIP 等多种协议，实现 NGN 和 PSTN、IN、H.323、SIP 等网络的通信。

（2）多媒体业务应用（Multi-media Applications）。

通过应用服务器向第三方提供 API，支持第三方的应用开发。

（3）电信级拨号接入（Carrier Class Dial-in）。

其 MG 同时具备 VOIPP 网关和 RAS 两种功能，在 Softswitch 控制下，使得全网 MG 能被统一管理，并能进行拨号上网用户数据旁路，利用 L2TP 支持多 ISP 方案。

（4）下一代本地交换系统（Next Generation Local Switch）。

提供数据终端与 PSTN 电信级互连互通。支持对个人用户（IP Phone/PC）、企业用户（IPPBX）以及不同网络（H.323/SIP）的接入。

小 结

通信网络也像其他技术一样，为了适应新发展的需要，结合其他相关技术进步的成果，尤其是计算机软件技术、数字化技术和分组化技术的成果，在不断地向前演进着。通信网络发展的目标是基于不同传输和控制技术，逐步地将各种网络融合为一个统一的、多业务的、以数据网络为中心的、在开放的业务平台上提供不同服务质量业务的下一代网络。

作为下一代网络的发展方向，软交换实现了网络的融合和业务的融合。软交换设备是下一代分组网中话音业务、数据业务和视频业务呼叫、控制、业务提供的核心设备、同时还是电路交换网向分组网演进的重要设备。软交换是指一种分层的体系结构，利用该体系结构可以建立下一代网络框架。其功能涵盖下一代网络的接入层、传输层、控制层和业务层，主要由软交换设备、信令网关、媒体网关、应用服务器和综合接入设备等组成。但从狭义上来说，软交换单指软交换设备，负责提供业务呼叫控制和连接控制功能。人们常提到的呼叫服务器、呼叫代理、媒体网关控制器等都是指软交换设备。

软交换位于网络控制平面，它独立于传送网络，通过与媒体网关的交互，接受呼叫的相关信息，指示网关完成呼叫，其主要任务是完成业务提供、地址解析、网管与计费、呼叫控制与处理、业务交换、媒体网关接入以及与其他各种网络的互通，是下一代网络呼叫与控制核心。

软交换网络是一个开放的体系结构，各个功能模块之间采用标准的协议进行通信。因此，软交换网络中涉及的协议繁多，其中包括：软交换与媒体网关之间的 MGCP/H.248/MEGACO 协议；软交换与 SIP 终端或 SIP 服务器之间的 SIP 协议；软交换间的互通的 BICC 协议；软交换与信令网关之间的 SIGTRAN 协议等。

软交换网络为用户提供话音、数据和多媒体等各种形式的业务，这些业务具有丰富多彩的业务特征，它不仅能够将话音、图像和视频结合在一起，同时，还能够结合目前互联网上广泛使用的 Web 技术，向用户提供各种各样的特色业务。按照业务特点和业务的实现方式，这些业务可以分为三类：即基本业务、补充业务和增强业务。

总之，软交换体系是下一代网络发展的必然趋势，它在充分发展分组交换网络的同时，最大限度地融合了现有网络，保护了运营上对现有网络的投资，也为他们提供了简单有效的渠道来创造新的具有高附加值利润的新型业务。

习 题

1.简述下一代网络产生的背景。
2.什么是下一代网络？有哪些特点？
3.下一代网络用到哪些技术？其核心技术是什么？
4.什么是软交换技术？有哪些特点？
5.为什么要引入软交换技术？
6.软交换的体系结构是怎样的？

7.软交换网络包括哪些主要协议？
8.软交换网络中用到的媒体网关控制协议主要有哪些？
9.SIGTRAN 协议主要包括哪些功能？
10.软交换业务主要有哪些？简述软交换的三类业务。
11.简述软交换的主要应用。

第8章 光 交 换

光交换是一个年轻的技术，指的是能使光网络处理和定向光信号，即光交换使网络能用光学处理信号的技术。光交换技术是实现全光通信的关键技术，因此要想了解光交换，先要了解光纤通信的部分知识和全光网的部分内容。

8.1 光纤通信简介

随着社会的进步，通信向着大容量、长距离的方向发展是必然的趋势。发展迅速的各种新型业务特别是高速数据等业务，对通信网的带宽和容量提出了更高的要求。而光波具有极高的频率（约为 10^{14}Hz 数量级），也就是具有极高的带宽，可以承载巨大的通信信息，因此研究如何用光波作为载体来进行通信是人们一直追求的目标。

自从 1966 年英籍华人高锟提出光纤通信的概念以来，经过 30 多年的研究，光纤通信迅猛发展，取得令人惊叹的成果（光纤即为光导纤维的简称。光纤通信是指以光纤为传输媒介，以光信号为信息载体的通信方式），光纤通信大致发展分为三个阶段：

1966～1976 年，从基础研究到商业应用的开发时期。

1976～1986 年，以提高传输速率和增加传输距离为目标和大力推广的发展时期。

1986～1996 年，以实现超大容量超长距离为目标，全面深入开展新技术的研究阶段。

到目前为止，光纤已成为理想的线缆传输媒介，向全球通信网络渗透，光纤通信已经成为通信中最主要的传输技术。与其他通信系统相比，光纤通信系统具有以下优点：

（1）传输频带宽、通信容量大。

由于光波频率较高，相应的通信容量大，理论上可以比传统的同轴电缆、微波等高 10^4～10^5 倍，再加上相应的复用技术，使通信容量更进一步增大。

（2）中继距离长、传输衰减小。

光纤具有极低的衰减系数，配以适当的光发射，光放大器设备可以使中继距离增长。光纤不仅损耗低，在相当宽的频带内损耗几乎不随频率的变化而变化，这些都是传统同轴电缆、微波等无法比拟的。

（3）抗干扰性强、保密性强。

光纤的主要材料是石英，呈绝缘介质，不怕外界电磁场的干扰。而且光缆中不同光纤之间几乎不存在相互串扰，保密性好。

（4）体积小、重量轻。

与电缆相比，光纤无论从尺寸上还是从重量上都少得多，便于工程施工和维护。

（5）原材料丰富。

自然界的石英材料丰富，可代替电缆铜线、铅线，节约有色金属。

光纤可以传输模拟信号，也可以传输数字信号。光纤在通信网，广播电视网，计算机网以及其他数据传输系统中，都得到广泛的应用，光纤通信的潜力是巨大的，在现代通信网中扮演着重要的角色。

8.2 光网络中的交换

光纤被引入通信网以来，已成为重要的传输介质，为通信的发展做出了重要贡献。早期人们将光纤传输系统及用于信号交换与控制的光器件组合起来就构成了光网络，也就是说光网络利用光学器件处理和发送信号。

光网络是一个正在迅速演变的新概念，是波分复用和光交换的结果，它提高了传统电信网络的能力和灵活性。使用光交换，可以在不影响其他各路信号的情况下从光纤中提取一路或者多路信号，可以在传输线的中间进行分插复用（上/下载复用）交换。在传输线的终端，由解复用器可以让光道分隔开来并且重新定向光道。

在理想情况下，光网络是一个利用光纤传输信号的系统，并用一些光器件交换信号，而不是采用电子设备。也就是说，传输导管和交换开关应该均为光学器件。可实际上，许多所谓的光网络、光交换，均采用一些电子设备并且成为交换部件的核心，这就使得光网络的概念含糊不清。光网络的最终形式还是无法确定，因为使用服务类型会随着技术的发展而发展。因特网，音频，视频等服务均有不同的要求，且随着光学技术的不断进步发生改变。新光网络的提出，还必须解决成本和可靠性等实用性问题，这些都影响着整个通信网络的拓扑结构和设备的设计。

光网络的交换大致可以分为透明交换和不透明交换两大类。它们的关键区别是光信号直接通过一个透明交换机而不被转换成任何其他形式。例如，一个来回移动的镜片，将入射光导向两个可能的输出，进入交换机的相同的光信号从镜片反射，从两个可能的输出端口的一个端口输出。

在不透明交换机中，信号在被交换前先转换成其他形式。举一个简单例子，交换机先将光信号转换成电信号的形式，对它们作电处理，然后将输出信号送到两个可能方向的一个。这类交换机被认为是不透明的，因为光信号不是直接通过它，尽管输入和输出信号均为光的形式，但是，光在二者之间被转化为其他的形式。

和电信号不同，光信号可以在空气和真空中自由传输，这意味着光交换机可以有内部的间隙，而不是像电交换机那样必须有连续的物理连接以使电子从中流动。自由空间交换至少意味着真空中的两点间可以直接传送信号而不是在光纤中传送。

8.3 全光网中的光交换

8.3.1 全光网的概念

传统的光纤通信系统所形成的光网络中，使用光电转换技术，网络的各个节点之间要完成光-电-光的转换，系统的设备较为复杂，其中的电子器件要适应高速。大容量的通信过程中，存在着诸如带宽限制，响应速度慢，时钟偏移，严重串话，高功耗等特点，由此产生了通信网中的“电子瓶颈”现象。因此人们设想一个严格定义的“光网络”，对光网络的较好的理解是把它看做是以光的形式来组织信号的系统，即“全光网络”，能直接将光信号放大，取代原来的电中继器，从而实现自始至终的光传输方式，再加上光复用、光交换和光信息处理技术，便实现任何点到点之间光信息的共有或交互传递过程，实现全光通信。

“全光网”是指用户与用户之间的信号传输与交换全部采用光波技术，即信息从源节点到目的的传输过程完全在光域内进行的宽带网络，它还包括了光传输、光放大、光交换、光存储等先进的全光技术，在全光网中，光节点取代了现有网络的电节点，即信号在通过光节点时，不需要经过光/电或电/光转换，因此不受相应的检测器、调制器等电器响应速度的限制，对比特速率和调制方式透明，大大提高了节点的吞吐量，克服了原有的存在电交换节点时的有关缺点。

全光网是一个迅速演变的新概念，一经问世就引起世界范围内的广泛关注。目前全光网的规模、结构尚未统一，最终形式还无法确定，我们认为其使用的服务类型也将会随着技术的发展而不断发展、进步。但是一些发达国家都以关键技术和设备、部件器件以及材料的研制开发为突破口，通过现场实验来完成实用化和商用化进程。目前也有一些国家如美国、德国、法国等已经提出了自己的全光网络规划。目前全光网已被认为是通信网向宽带、大容量发展的首选方案。建立全光网络，接入多种业务信号，提高网络可靠性和灵活性，便于有效地管理，是有着非常重要意义的。

全光网是利用光波组网，在光域上完成信号的选路、交换，具有以下特点：

（1）传输容量大。

全光网充分利用了光纤的丰富的带宽资源，有着极大的传输容量。再加上密集波分复用（DWDM）等技术的不断发展，更加深入地开发了光纤的带宽资源。

（2）对信号透明，具有开放性。

全光网通过波长选择器来实现路由选择，即以波长来选择路由，对传输速率，数据格式以及调剂方式具有透明性，即对不同速率，协议，调制频率和制式的信号同时兼容。同时也允许几代设备（PDH/SDH/ATM）能够共同使用光纤基础设施。

（3）易于实现动态重构。

全光网不仅扩大了传输容量，还易于实现网络的动态重构。全光网可以根据通信容量的需求，既可为大业务量的节点建立直通的光通道，降低网络开发成本来实现恢复、建立和拆除光波长连接，动态地改变网络结构，也可为突发业务提供临时的连接，充分地利用了网络资源。利用光波长分插复用器可以实现光网络节点灵活的上、下波长，利用光波长交叉连接实现波长路由选择、动态重构、网间互联等功能。

（4）可扩展性强。

全光网不仅可以与现有通信网络兼容，而且还可以支持未来的宽带综合业务数字网以及网络的升级，且全光网中新网络节点的加入并不影响原来网络结构和原节点的设备，解决了网络的可扩展性，节约了网络资源。

（5）可靠性强。

由于全光网比现有的网络多了一个光网络层，光通道在遇到链路失效等突发情况时，可以重选路由，因而增强了网络的可靠性，最大可能地避免了传统网络由于链路失效造成信息丢失和错误。

8.3.2 全光网中的光交换

（1）光交换产生背景。

光纤潜在的传输容量可高达30THz，而目前仅用到其中较小的一部分，由于大量新业务的出现和国际互联网的发展，需求的不断增长促使了通信容量的迅速扩展，没有人可以预测需求的增长到底有多快，或者可以准确地估计出新业务的增长量，但是根据现有的业务量的增长趋势，人们可以预测今后通信网络可能会变得拥挤。人们需要更大的容量来保持和发展新业务，促进光纤通信系统的不断扩展。

这是因为在现有通信网络中，高速光纤通信系统仅仅充当对点的传输手段，网络中重要的交换功能却依旧还是采用传统的电子交换技术。也就是说在交换节点仍然需要先将要传输的信号转换成电信号，然后进行交换，最后再变成光信号在光纤中传输。而传统的电子交换机的端口速率只有几兆比特每秒到几百兆比特每秒，不仅限制了光纤通信网络速率的提高，而且要求在众多的接口进行频繁的复用/解复用，光/电和电/光转换，增加了设备的复杂性和成本，降低了系统的稳定性和可靠性。这种交换方式与光纤的高速传输特性极不相称，这就制约了光纤信道的巨大带宽资源。因而随着光纤传输容量的不断提高，人们对交换技术也提出新的挑战。正是在这种背景下，对具有高速、宽带、大容量交换潜力的光交换技术的研究和开发，更加显得势在必行。

要想彻底地解决高速光纤通信网存在的矛盾，只有实现全光通信。而光交换是全光通信的关键技术，与电子式交换相比，光交换无须在光传输线路和交换机之间设置光/电或电/光变换，不存在“电子瓶颈”问题，同时也能充分发挥光信号的高速、宽带和无电磁感应等优点。

由于光交换是一门正在研究中的新技术，虽然已有大致的模型出来，但是一些关键技术还没有完全突破，所以光交换技术离真正的商用还有一段距离。综合目前已有的光交换研究成果，将光交换大致分为五种：光空分交换，光时分交换，光波分交换，复合型光交换和自由空间光交换。

（2）光交换的特点。

光交换和传统的电交换技术有着根本上的区别，具有一些特别的优点，如下所述：

①光交换具有极高的带宽。

光交换由于采用了光开关，可以提高网络交换节点的业务吞吐量。采用光交换技术，能使得相同的光器件能应用于不同的比特速率，即具有比特速率的透明性。

②光交换具有极高的速度。

电子电路的运行速度有限（最高运行速度只能达到20Gbit/s），因而有驱动的光开关，会受到电子电路工作速度的影响，使得响应速度不可避免地会受到限制。然而采用光控器件，就可以实现超高速的全光交换网，克服电子瓶颈的问题。

③光交换和光传输的结合，是全光网实现的关键环节。

光交换和光传输结合在一起，使得数据在源节点到目的节点的传输过程中，始终保持在光域内，避免在各个节点上的电/光、光/电转换，因此可以同时传输多种数据速率和多种数据格式，从而构成完全光化的网络，有利于高速大容量的信息通信。

④光交换降低了网络成本，提高网络的可靠性。

全光网络采用光交换，无须进行电/光或光/电转换，也不会受到电磁干扰，可以直接实现用户间的信息转换，省去了进入交换系统前后的转换装置，从而降低了网络成本。另外，无论是在模拟还是数字传输通信系统中，都可以采用光交换技术，不但避免了宽带电交换系统功耗大，串扰严重等问题，同时也提高了自身的可靠性。

（3）光交换器件。

光交换器件是实现光交换的关键器件，光交换器件也是实现光交换/光路由交换的前提以及基础。光交换器件根据其基本功能大致分为两类:相关无源器件和有源光逻辑器件。

所谓的相关无源器件在输入和输出之间建立某种映射关系,与输入信号无关,仅与控制信号有关系的器件有关，属于无源器件。常见的无源器件有各种耦合器（如星形耦合器、定向耦合器）、光调制器、光放大器、光开关等。

所谓的有源光逻辑器件是指通过待处理信号本身的信息控制器件的状态,在其输入端完成某种逻辑功能或者组合逻辑功能。光逻辑器件主要是电光效应器件,常见的有双稳态激光器、半导体激光器、法布理-波罗激光器等。

在各种各样的光交换系统中，广泛应用的各种光开关、光存储器等均是由上述两类器件制作的。下面介绍几种常见的光交换器件。

①光开关。

光开关是各种光通信系统实现高功能、高可靠性、提高维护和使用效率必不可少的光器件。光开关大致可分为采用 LiNbO3、聚合物、半导体材料的光开关和具有可移动机理的机械光开关。目前研究的重点主要集中在采用 GaAs 和 InP 材料的半导体光开关和聚合物光开关及综合利用了微光子、微电子、半导体微细加工技术、微机械技术的微机电光开关。今后光开关研究的方向是改善其性能,并将光开关集成以便增大光开关阵列的规模。光纤型微机电光开关损耗低,适于作保护恢复用。而半导体 S OA 光开关和聚合物光开关适用于构成大型光开关阵列,很有发展前途。

A. 半导体光开关

由半导体激光器的发光原理可知，当任意输入光信号通过具有粒子数反转分布（高能级的电子数多于低能级的电子数这种粒子数的反常态分布状态）的半导体材料时，受激辐射（高能级的电子受到具有能量的外来光子的激发时，使电子被迫跃迁到低能级与空穴复合，同时释放出一个同频率、同相位、同方向的光子的过程）大于受激吸收（在入射光的作用下，电子吸收光子的能量后跃迁到高能级产生光电流的过程），因而就具有了光放大作用。只有在半导体光放大器中加上偏置时才会产生受激辐射，从而使光信号得到放大；反之，去掉偏置，则半导体激光器处于光吸收状态，此时输入信号就无法达到输出端。

通常半导体光放大器是用来对输入光信号进行放大，并且通过控制放大器的偏置电流来控制其放大倍数。当偏置电流为零时，输入的光信号将被器件完全吸收，使得器件不输出光信号。器件的这个作用相当于一个开关把光信号给 “隔断”了；当偏置电流信号为某一个不为零值时，输入的光信号便会被适当放大后而输出，这相当于开关闭合让光信号 “通过”。即通过对偏置电压的控制，完成开启和关闭的功能。因此半导体光放大器也可以用做光交换中的空分交换开关，通过控制电流来控制光信号的输出选向。图 8-1 为半导体开关的基本原理图。

光开关矩阵就是利用这种半导体光放大开关功能和光纤耦合器制成，其在通过状态下，具有光增益，可大大提高系统的信噪比，同时开关速度比较高，具有极高的隔离度，广泛适用于空分、时分以及混合光变换系统中。

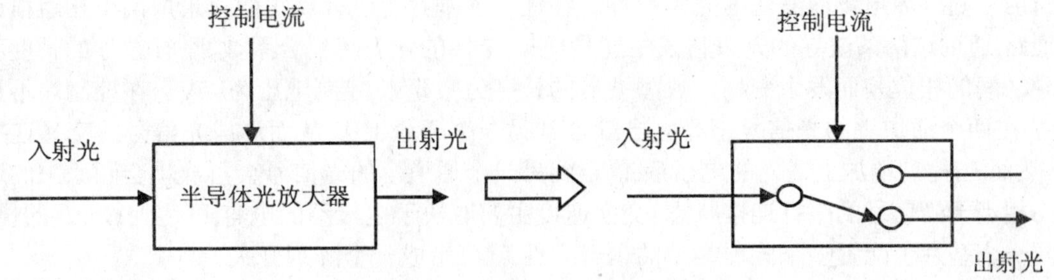

图 8-1 半导体开关

B. 采用微电子机械技术（MEMS）的光交换

这种光交换的微电子机械系统——MEMS 开关是利用非常小的可移动微反射镜来改变光的方向。其结构实质上是一个二维镜片阵，当进行光交换时，通过移动光纤末端或改变镜片角度，把光直接送到或反射到交换机的不同输出端。采用微电子机械系统技术可以在极小的晶片上排列大规模机械矩阵，其响应速度和可靠性大大提高。这种光交换实现起来比较容易，插入损耗低，串音低，消光比好，偏振和基于波长的损耗也非常低，对不同环境的适应能力良好，功率和控制电压较低，并具有闭锁功能，其缺点是交换速度有限制。

MEMS 光开关在制作工艺上利用硅微电子工艺和设备，又加上微光学的工艺技术，与常规机械光开关相比，生产过程的机械化、自动化程度大大提高。微机械光开关的发展，使巨大数量光纤通道之间的交叉连接得以实现。已有光纤通道数高达 256×256,1024×1024 的微机械光开关的报道。目前一般利用微镜转动微机械光开关的开关速度比传统的机械式光开关要快，但是技术仍然在发展中，仍有一些问题待解决。

C. 耦合波导开关

半导体光放大器开关具有一个输入端和一个输出端,而耦合波导开关除一个控制电极外，却具有两个输入端和两个输出端，如图 8-2 所示。

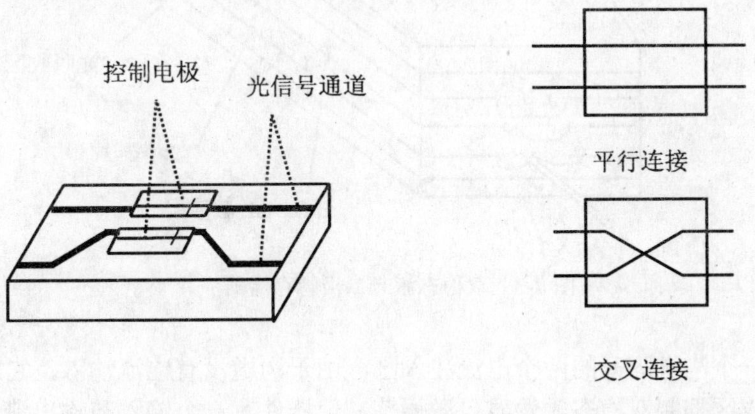

（a）结构外形　　（b）工作模式

图 8-2 耦合波导开关

耦合波导开关的结构和工作模式如图 8-2 所示。铌酸锂（$LiNbO_3$）是一种电光材料,它具有折射率随外界电场而变化的光学特性。在铌酸锂基片上进行钛扩散以形成两个相距很近的光通路,通过这两条波导的光束将发生能量交换,交换的强弱随耦合系数、平行波导的长度和两波导之间的相位差而发生变化。典型波导的长度为数毫米,控制电压为 5V。在控制端不加电压时,在两个通道上的光信号都会完全耦合到另一个通道上去,从而形成光信号的交叉连接状态。然而,当控制端加上适当的电压后,耦合到另一个通道上的光信号会再次耦合回原来的通道,从而相当于光信号的平行连接状态。交换速度主要取决于电极间的电容,可达到 Gbit/s 的量级。在同一个基片上配置多个此种类型的耦合元件,就可组成一个阵列开关。

②光存储器。

在电设备中，存储器实现着电位状态延时保持作用。在全光系统中，为了实现光信息的处理，光信息的存储就显得极为重要。光存储器可以实现光信号的存储,进行光域的时隙交换。常用的光存储器有双稳态激光二极管光存储器和光纤延迟线。

A. 双稳态激光二极管光存储器

双稳态激光二极管光存储器的原理是利用双稳态激光二极管对输入光信号的响应和保持特性来存储光信号。如图 8-3 为双稳态激光二极管构成光存储器的实例结构，它由一个带有串联电极的双非均匀波导组成。图 8-3 为双稳态激光二极管存储器的原理图。

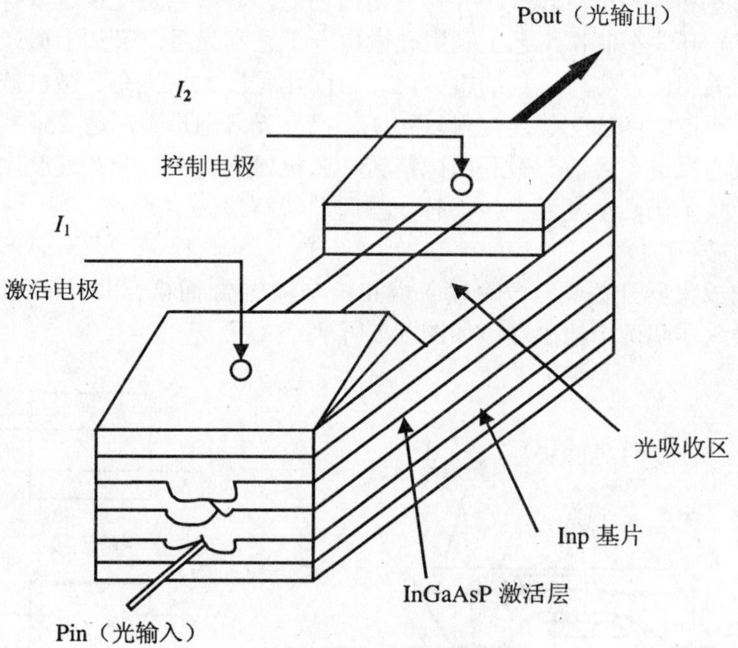

图 8-3　双稳态激光二极管存储器

串联电极是一个沟道隔开的两个电流注入区，由于沟道没有电流输入，它起着饱和吸收区的作用。此吸收区抑制双稳态触发器自激振荡，使器件有一个输入与输出滞后特性。当输入光脉冲时，激光二极管翻转为导通状态，输入光消失。为使双稳态触发器复位，只要在激活区注入负电流脉冲即可，此时激光二极管返回到截止状态。开关速度与置位脉冲的光通量和激励电流的偏置量有关。

双稳态激光二极管光存储器是光电反馈型有源存储，可整形，有放大作用，增益高、信噪比高，速度快。在时分，频分，光交换系统中应用广泛。

B. 光纤延迟线

光纤延迟线光存储器的原理是利用光信号在光纤中的传输延时特性达到存储光信号的目的。由于它是无源器件,实现简单易行，存储速度无限制，可连续存储，比双稳态存储器稳定。在时分、频分和ATM光交换系统中应用广泛。缺陷是由于长度固定，存储时间不可变，导致灵活性差。

8.3.3 光交换的分类

所谓光交换技术就是在光域内实现信息（或信号通道）交换的技术。就光交换究竟有几种方式而言,不同的文章有不同的说法。目前,已见报道的光交换技术的交换方式主要可以分为空分光交换方式、时分光交换方式、波分光交换方式、ATM光交换方式、码分光交换方式、自由空间光交换方式和复合型光交换方式等。下面就这几种光交换方式进行简单介绍。

迄今为止，已有的光交换方式分为光空分交换、光时分交换、光波分交换、复合型光交换、自由空间光交换。

（1）空分光交换。

空分光交换是根据需要在两个或多个点之间建立物理通道。这个通道可以是光波导（也可以是自由空间的波束），其功能是将光信号在空间上的传输通路发生改变。空分光交换的核心器件是光开关。

空分光交换的基本原理是将光交换节点组成可控的门阵列开关,通过控制交换节点的状态可实现使输入端的任一信道与输出端的任一信道连接或断开,完成光信号的交换。简言之,光空分交换是使按空间顺序排列的各路信息进入空分交换阵列后,交换阵列节点根据信令对信号的空间位置进行重新排列,然后输出,完成交换。由于空分光交换的交换过程是在光波导中完成的,有时也称为光波导交换。空分光交换的交换节点可由机械、电、光、声、磁、热等方式进行控制。就目前情况而言,机械式控制光节点技术是比较成熟和可靠的空分光交换节点技术。

空间光开关（space optical switch）是光交换中最基本的功能开关。光开关具有电光型，声光型和磁光型。它可以直接构成空分光交换单元，也可以与其他功能开关一起构成时分光交换单元和波分光交换单元。基本空间光开关的入端和出端各有两条光纤，可以完成两种连接状态:平行连接和交叉连接，这样的光开关有三种实现方案，如图8-4所示。

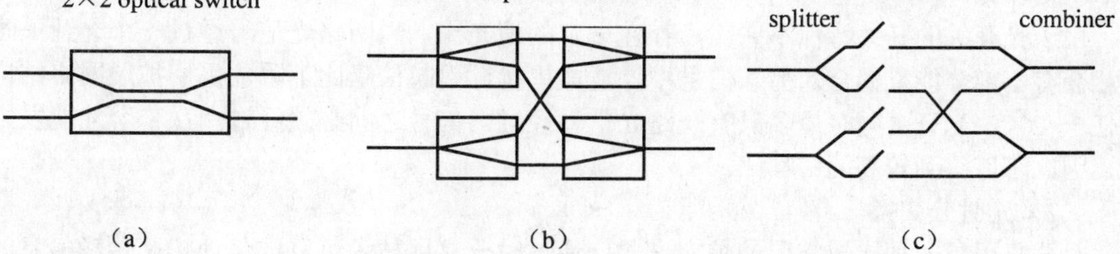

图8-4 2×2空间光开关的实现方案

（a）一个 2×2 光开关，如基于 $LiNbO_3$ 的方向耦合器。

（b）四个 1×2 光开关用光纤如图（b）互连起来，1×2 光开关可用 Y 分支型 InP 数字光开关。

（c）四个 1×2 光耦合器+四个门型光开关如图（c）构成，门型光开关可用半导体光放大器，或其他类型的门型光开关。

其中图 8-4（a）、图 8-4（b）中的 2×2 和 1×2 光开关属于波导型光开关，都是由外部控制波导的折射率，选择输出波导。外部折射率控制由电流注入，外加电场或者通过加热来进行。这类光开关在交换信号时，除了其本身的插入损耗外，将把所有的信号功率交换到输出端去。而图 8-4（c）类光开关将把一半的光能浪费掉，从而引入附加损耗，且交换的路数越多，损耗越大，用光放大器作门型光开关可以解决这个问题。但是空间光开关多级互连成大型交换单元时，光放大器引入放大的自发辐射和通带变窄等问题难以解决。但图 8-4（c）类光开关具有广播发送能力，这在提供点到多点和广播业务是非常有用的。

利用 2×2 基本光开关以及相应的 1×2 光开关可以构成大型的空分光交换单元。构成的方式按网络结构可以分成许多种，常见的有纵横式网络、双纵横式网络，分配耦合式网络、双层网络，等等。对它们进行评价的主要性能指标有:

①基本光开关数。

基本光开关数能够大致上反映交换单元的成本。对给定的交换容量任务来说，当然所需的基本光开关数越少越好。尤其是在目前集成光路的集成度还不太高的情况下，这个指标显得尤为重要。同时尽量采用集成光路技术，以降低成本。

②阻塞特性。

交换网络的阻塞特性共分四种:

a. 绝对无阻塞型，不需特殊的交换算法就能将任何入线连接至任何未占用的出线。

b. 广义无阻塞型，利用特殊的交换算法能够将任何入线连接至任何未占用的出线。

c. 可重排无阻塞型，将目前存在的连接重新调整后可以实现将任何入线连接至任何未占用的出线。

d. 有阻塞型，虽然入线和出线都空闲，但是由于交换网络内部结构问题，在它们之间无法建立连接。

③光路损耗。

光路损耗与所需的光放大器数量有关，直接影响交换单元的成本和复杂性。它大致与交换网络的级数成正比。减小光路损耗需要采用级数较少的网络结构和提高工艺、增加集成光路的集成度以及完善与光纤的匹配技术。

④信噪比。

由于光开关的开关特性不完美，存在一定的消光比，当两路光信号经过一个光开关时，互相会有一部分能量耦合入另一信号中，造成串扰，引起信噪比下降。采用扩展网络结构，使任一 2×2 光开关同时最多只有一路光信号经过，信号之间必须经过两次耦合才能发生串扰，因此可以得到较高的信噪比。

（2）光时分交换。

时分复用是一种比较常用的扩容方式。通过时分复用技术可以成倍地提高传输信息的容量，极大地降低每条线路在设备的使用和维护上投入的成本。在电时分交换方式中，普遍采用存储器作为交换的核心设施，把时分复用信号按一种顺序写入存储器，然后再按另一种顺序读取出来，这样便完成了时隙交换。时分复用是通信网中普遍采用的一种复用方式。光时分复用和电时分复用类似，也是把一条复用信道划分成若干个时隙，每个基带数据光脉冲流分配占用一个时隙，多个基带信道复用成高速光数据流信号进行传输。时分光交换就是在时间轴上将复用的光信号的时间位置转换成另一时间位置。时隙交换原理示意图如图 8-5 所示。

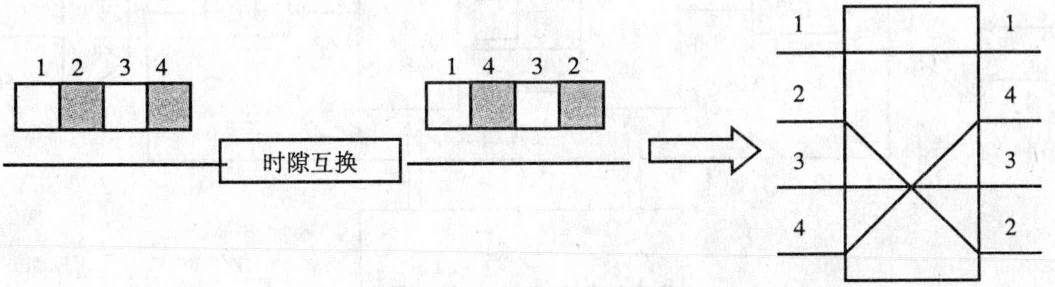

图 8-5 时隙互换原理示意图

要完成时分光交换，必须有时隙交换器实现将输入信号一帧中任一时隙交换到另一时隙输出的功能。要完成时隙交换必须有光缓存器，把时分复用信号按一定顺序写入储存器，然后按一种顺序读出来，这样便完成了时隙交换。双稳态激光器可用做光缓存器，但它只能按位输出，而且还需解决高速化和扩大容量问题。光纤延时线是一种比较适用于时分交换的光缓存器。利用光纤延时线的光时分交换工作原理：首先把时分复用的光信号经过光分路器，使它的每条出线上同时都只有某一时隙的光信号；然后让这些信号分别经过不同的光延时器件，使其获得不同的时间延迟；最后，再把这些信号经过一个光合路器重新复合起来，就完成了时分交换。其原理图如图 8-6 所示。利用光时分交换技术实现的时分交换系统组成如图 8-7 所示。

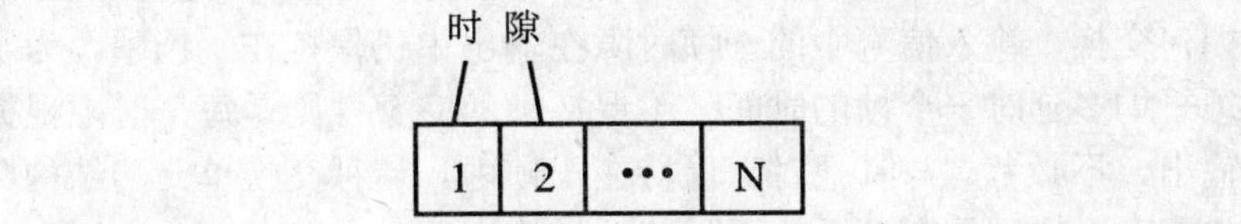

图 8-6 时分复用原理图

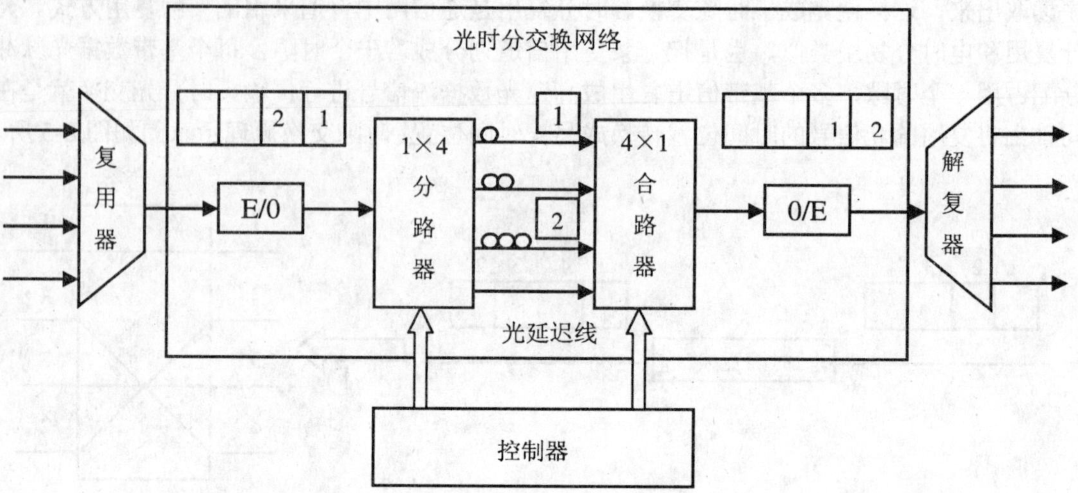

图 8-7 光时分交换系统

信号的时分复用可分为比特复用和块复用两种。由于光开关需要由电信号控制，在复用的信号间需要有保护带来完成状态转换，因此采用块复用比采用比特复用的效率高得多，而且允许光信号的数据速率比电控制信号的速率高得多。在时分光交换系统中,各信道的数据速率相互有关,且与网络的开关速度有关。特别是按比特交换时,开关速率等于数据速率。

由于时分交换系统必须知道各信道比特率,所以需要有光控制电路的高速存储器、光比特/同步器和复接器/分接器。发展光时分交换的关键在于实现高速光逻辑器件。现假定时分复用的光信号每帧复用 T 个时隙，每个时隙长度相等，代表一个信道。空间光开关每个时隙改变一次状态，把时分复用的时隙在空间上分割开，对每一时隙分别进行延时后，再复用到一起。输出时隙交换还分保持帧的完整性和不保持帧的完整性两种。保持帧的完整性是指在进行时隙交换时一帧中每个时隙可以交换到任何其他时隙,但是不能越过帧边界到相邻帧中。这意味着无论如何交换，输入信号中的一帧时隙在输出中仍保持在一帧中。为了满足这一要求，每时隙必须平均多延时一个帧的时间。不保持帧的完整性则是每个时隙根据自己的交换要求选择时隙输出，不必考虑与其他时隙保持在一帧内。这种交换单元的结构比较简单，但是控制逻辑非常复杂，特别是在可重排无阻塞型结构中。

（3）光波分交换。

在光时分复用系统中,可采用光信号时隙互换的方法实现交换。在光波分复用系统中,一根光纤可以同时传输多个波长光信号,其基本原理是在发送端将不同波长的光信号组合起来(复用)，耦合到光缆线路上的同根光纤中传输，在接收端又将组合波长的光信号分开（解复用），并做进一步处理，恢复出原信号后送入不同的终端。因此我们可采用光波长互换（或光波长转换）的方法来实现交换。光波长互换的实现是通过从光波分复用信号中检出所需的光信号波长,并将它调制到另一光波长上去进行传输。在波分光交换系统中,精确的波长互换技术是关键。波分光交换方式能充分利用光路的宽带特性,获得电子线路所不能实现的波分型交换网。可调波长滤波器和波长变换器是实现波分光交换的基本元件，前者的作用是从输入的多路波分复用光信号中选出所需波长的光信号，后者则将可变波长滤波器选出的光信号变换为所需要的波长后输出。

波分复用技术在光传输系统中已经得到广泛应用。一般说来，在光波复用系统中其源端和目的端都采用相同的波长来传递信号，否则将在多路复用中，每个终端都将增加终端设备的复杂性。这样要求在传输系统中间节点上要采用光波分交换，采用这样的技术不仅满足光波分复用终端的互通，而且还能提高传输系统的资源利用率。波分交换的基本原理是在波分光交换网络中，各信息载于不同波长的光波上，复用信号在交换信号控制下重新安排信号的载波频率，从而输出交换后的信息，图 8-8 为其原理图。通常的波分光交换网络包括波长转换开关、可变波长与固定波长的滤波器等器件。

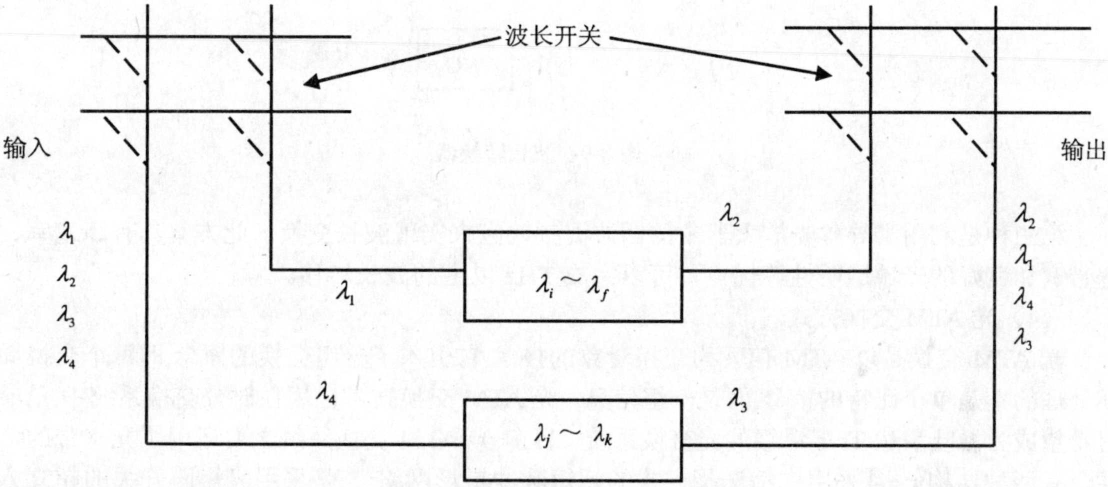

图 8-8 波分交换原理

密集波分复用是光纤通信中的一个趋势，它利用光纤的宽带特性，在 1 550nm 波段的低损耗窗口中复用多路光信号，大大提高了光纤的通信容量。波分光交换就是将波分复用信号中任一波长变换成另一波长，注意这里波分交换与波长路由不同，后者利用波长的不同来实现选路，即实现空分交换，其中不包含波分交换功能。与时分光交换类似，波分光交换所需的波长交换器也只能先用波分解复用器件将波分信道空间分割开，对每一波长信道分别进行波长转换，然后再把它们复用起来输出，如图 8-9 所示。

目前实现波长转换有三种主要方案。

第一种是利用 O/E/O（光电光）波长变换器，即光信号首先被转换为电信号，再用电信号来调制可调谐激光器，调节可调谐激光器的输出波长，即可完成波长转换功能。这种方案技术最为成熟，容易实现，且光电变换后还可进行整形、放大处理，但因电光变换、整形和放大处理，失去了光域透明性，带宽也受检测器和调制器的限制。

第二种是利用行波半导体放大器的饱和吸收特性、半导体光放大器交叉增益调制效应或交叉相位调制效应来实现波长变换。它可以级联、提供转换增益，且几乎与极化无关。这种方案可在 1 550nm 波段对 Gb/s 信号进行较宽的波长转移，经波长转移后数据的恶化程度可以忽略。

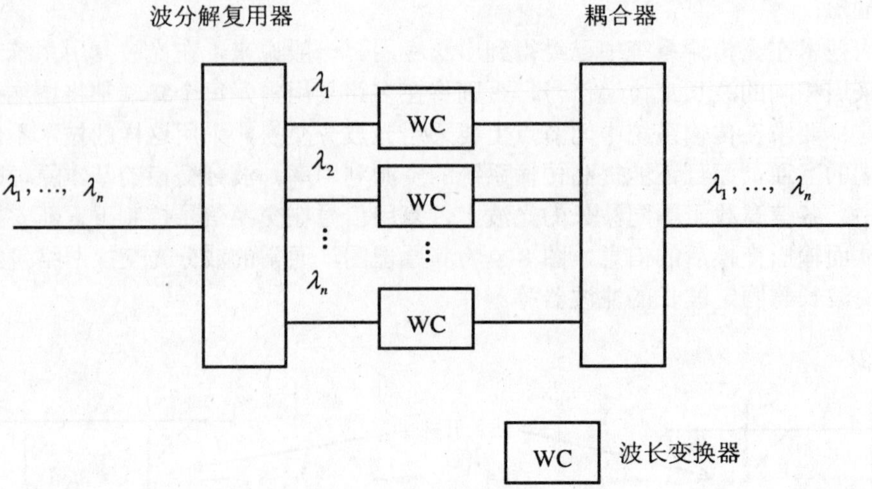

图 8-9　波长转换器

第三种是利用半导体光放大器中的四波混频效应来实现波长变换，此方案具有高速率、宽带宽和良好的光域透明性等优点，可以完成 THz 以上的波长转移。

（4）光 ATM 交换方式。

光 ATM 交换是以 ATM 信元为交换对象的技术,它引入了分组交换的概念,即每个交换周期处理的不是单个比特的信号,而是一组信息。光 ATM 交换技术已用在时分交换系统中,是最有希望成为吞吐量达 Tb/s 量级的光交换系统。目前,光 ATM 交换系统主要运用了光宽带的特性。有两种结构:一是采用广播选择方式的超短脉冲星形网络;二是采用光矩阵开关的超立方体网络。采用广播选择方式的超短光脉冲星形网络为基础的光 ATM 交换系统具有结构简单、可靠性高和成本较低等特点,它有多个输入和受输出缓存器控制的输出通道,并由调制器、信元编码器、星形耦合器、信元缓存器以及信元检测器等部分组成。由光矩阵开关组成的超立方体网络是 ATM 信元光交换系统的另一种结构。所谓超立方体网络实际上是一个计算机多处理机系统,这种结构在信元交换中有许多优点,例如采用了模块化的结构、有可扩展性、路由算法简单、有高可靠的路由选择性，等等。采用超立方体网络的光 ATM 交换机,端子数可以取得很大,其目标指向 10Tb/s 的容量。光 ATM 核心技术是光路的自选路由。每个信元有目标地址信息,交换控制系统能自动地识别出这个目标地址并通过对路径的分析将其输送到相应的路径上去。采用空间光调制器的光自选路由,可以实现优先级控制,防止光信息元在输出端口发生冲突。

（5）复合光交换。

由于各种光交换技术都有其独特的优点和不同的适应性,将几种光交换技术合适地复合起来进行应用能够更好地发挥各自的优势,以满足实际应用的需要在各种光交换的基础上进行多级链路的连接，来设计大规模的光交换网络。已见介绍的复合型光交换主要有:

①空分/时分光交换系统。

②波分/空分光交换系统。

③频分/时分光交换系统。

④时分/波分/空分光交换系统等。

例如,将时分和波分技术合起来可以得到一种极有前途的大容量复合型光交换模块,其复用度是时分多路复用度与波分复用度的乘积。在各级的连接链路中均采用波分复用技术然而由于需要把多路信号进行分路后再接入链路，从而抵消了波分复用的优点。为了解决这个问题，可以在链路上采用波分复用技术，然后利用其他交换方式完成链路级交换，最后利用波分交换技术选出相应的信号进行波分合路输出。如果它们的复用度分别为 8,则可实现 64 路的时分-波分复合型交换。将此种交换模块用于 4 级链路连接的网络,可以构成最大终端数为 4096 的大容量交换网络。

①空分+时分光交换。

空分+时分光交换需要时间复用的空分光交换模块和空间复用的时分光交换模块，分别用 S 和 T 表示，时分光交换模块可由 N 个时隙交换器构成。$LiNbO_3$ 光开关、InP 光开关和半导体光放大器门型光开关的开关速率都可达到 ns 级，因此由它们构成的空分光交换模块可以时分复用于空分+时分光交换中，每个时隙空分光交换模块的交换状态不同。这两者结合起来就可以构成空分+时分光交换单元，构成方式可以是 STS 结构或 TST 结构，如图 8-10 所示。

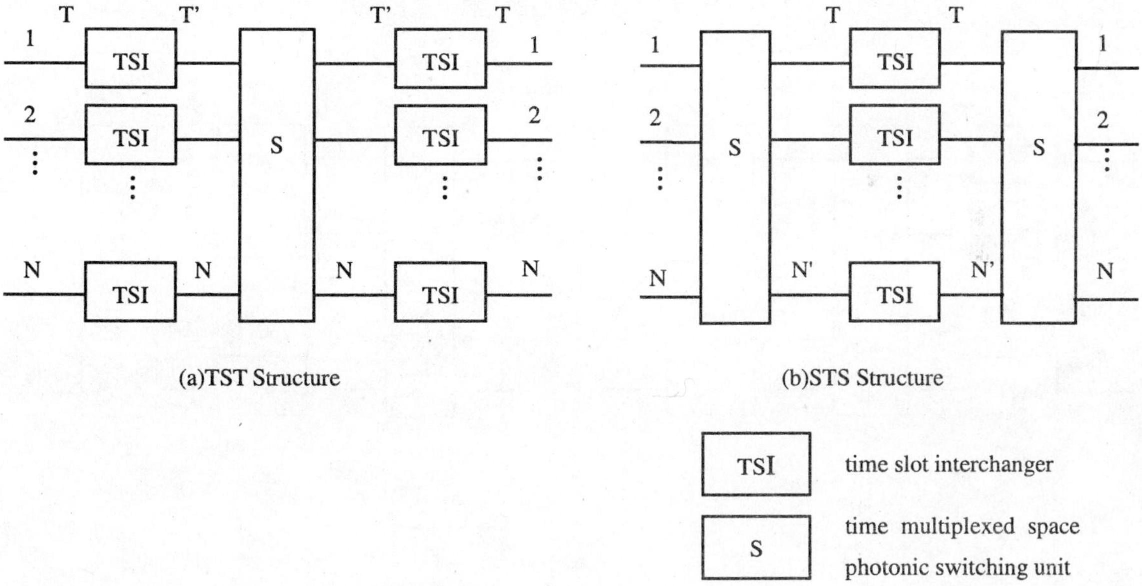

图 8-10 两种空分＋时分光交换单元

②空分+波分光交换。

与空分+时分光交换类似，空分+波分光交换需要波长复用的空分光交换模块和空间复用的波分光交换模块，分别用 W 和 S 表示。由于前面介绍的空间光开关都对波长透明，即对所有波长的光信号交换状态相同，所以它们不能直接用于空分+波分光交换，只能把输入信号波分解复用，再对每个波长的信号分别应用一个空分光交换模块，完成空间交换后再把不同波长的信号波分复用起来，如图 8-11 所示。图 8-12 是两种空分波分光交换单元示意图。

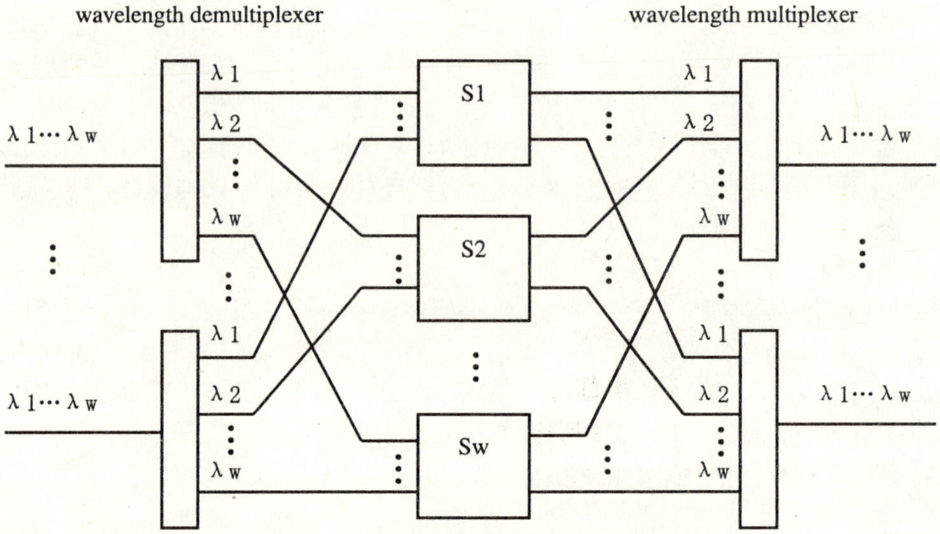

图 8-11　一种波长复用的空分光交换模块

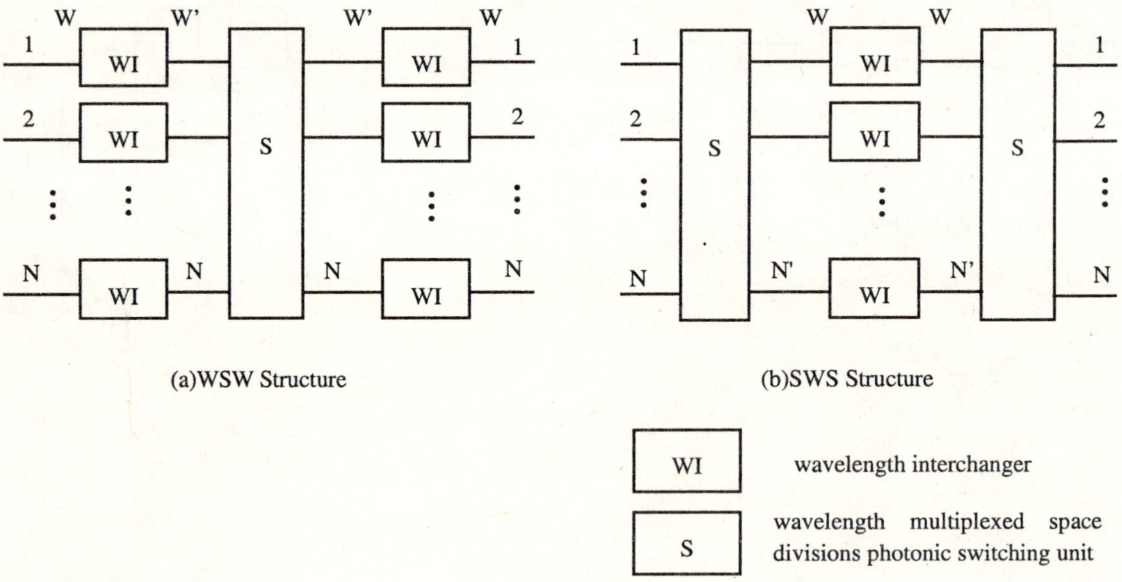

图 8-12　两种空分+波分光交换

③空分+时分+波分光交换。

用 S、T 和 W 三种交换模块可以组合成空分+时分+波分光交换单元，组合形式有 WTSTW,TWSWT,STWTS,TSWST,SWTWS 和 WSTSW 六种。但是由于目前还没有能够同时时间和波长复用的空间光开关，要实现空分+时分+波分光交换中的空分交换模块，必须将信号波长解复用后对每个波长分别应用时间复用空分交换模块，或时间解复用后对每个时隙分别应用波长复用空分交换模块。

上述六种组合形式的空分+时分+波分光交换单元在具体实现上各有难易点。一方面，在目前的技术条件下，波长交换器的实现最难，成本最高，因此把W放在中间只用一次比较好。另一方面，由于空分和时分光交换模块都要先把信号波分解复用开，因此把S和T连在一起放在中间就可以只进行一次波分解复用/复用操作。另外，利用空间光开关和波长交换器的高速性进行时间复用在复用方式中是比较经济的，应该用两次。从这方面看，SWTWS和WSTSW结构比较好。随着新器件的发明和现有器件工艺的提高，上述情况会不断发生变化，各种实现方案的比较有待于进一步深入研究。

以上讨论了各种光交换系统的概况。从中可以看出，光交换将成为未来通信领域中最先进的技术，通过对光交换系统的器件、结构上的许多技术选择，以及对系统的深入试验和研制等必将加速光交换技术的成熟。可以预计，不远的将来先进的光交换系统将迈入实用化的行列。光交换技术也将会成为未来全光通信网的核心技术。

小 结

光导纤维具有信息传输容量大、不受电磁干扰、保密性能好等优点，并且对比特流透明，是现代通信网络中传送信息的最佳媒质。随着光器件技术进步，通过对光交换系统的器件、结构上的许多技术选择，以及对系统的深入试验和研制等必将加速光交换技术的成熟。迄今为止，已有的光交换方式分为光空分交换、光时分交换、光波分交换、复合型光交换、自由空间光交换。可以预计，不远的将来，先进的光交换系统将迈入实用化的行列。光交换技术也将会成为未来全光通信网的核心技术。

习 题

1. 为什么要引入光交换？光交换与传统电交换的主要区别有哪些？
2. 列举典型的光开关类型并了解其基本工作原理。
3. 下一代网络用到哪些技术，其核心技术是什么？
4. 光交换有哪几种类型，各有什么特点？
5. 简要叙述光波分复用交换网络的工作原理。

附 录 电信英文缩略语

3GPP（3G Partnership Project）第三代移动通信伙伴组织

A

A/D（Analog/Digital）模拟/数字
AAL（ATM Adaptation Layer）ATM 适配层
ABR（Available Bit rate）可用比特率
ACM（Address Complete Message）地址全消息
ADM（Add-drop Multiplexing）分插复用
AFI（Authority Format Identifier）授权格式标识符
AF（Address Filter）地址过滤器
AG（Access Gateway）接入网关
AMI（Alternate Mark Inversion Code）双极性归零码、交替极性倒置码
AN（Access Network）接入网
ANC（Answer signal,Charge.）应答信号，计费
ANN（Answer signal,No charge）应答信号，不计费
ANSI（American National Standard Institute）美国国家标准化组织
AO（Always On）永远在线
AOS（Always On Server）AO 服务器
API（Application Programming Interface）应用编程接口
ARIS（Aggregate Route-Based IP Switching）基于 IP 交换的路由聚合技术
ARQ（Automatic Request for repetition）自动重发请求
ARS（Address Resolution Server）地址解析服务器
ARP（Address Resolution Protocol）地址解析协议
AS（Access Switch）接入交换级
ASLC（Analog Subscriber Line Circuit）模拟用户线电路
ASON（Auto Switched Optical Network）自动交换光网络
ASP（Application Server Process）应用服务器进程
ATD（Asynchronous Time Division）异步时分
ATM（Asynchronous Transfer Mode）异步传送模式
ATM-LSR（ATM Lable Switched Router）ATM 标记交换路由器
ATOM（ATM Output Buffer Module）ATM 输出缓存模块
AU（Access Unit）接入单元

B

BACP（Bandwidth Allocation Control Protocol）带宽分配控制协议
BCF（Bearer Control Function）承载控制功能
BECN（Backward Explicit Congestion Notification）后向拥塞显示
BGP（Border Gateway Protocol）边界网关协议
BHCA（Busy-Hour Call Attempt）忙时试呼
BIB（Backward Indicator Bit）后向指示比特
B-ISDN（Broadband Integrated Services Digital Networks）宽带综合业务数字网
B-NT（Broadband Network Terminal）宽带网络终端
BRI（Basic Rate Interface）基本速率接口
BSM（Backward Set-up Message）后向建立消息
BSN （Backward Sequence Number）后向序号
B-TA（Broadband Terminal Adapter）宽带终端适配器
B-TE（Broadband Terminal Equipment）宽带终端设备

C

CAMA（Centralized Automatic Message Accounting）集中自动计费方式
CAS（Channel Associated Signaling）随路信令
CBK（Clear-Back signal）后向拆线信号，挂机信号
CBR（Constant Bit Rate）恒定比特率
CC （Call Control）呼叫控制
CC（Country Code）国家代码
CCITT（International Telegraph and Telephone Consultative Committee）国际电报电话咨询委员会
CCL（Calling Party Clear Signal）主叫用户挂机信号
CCS（Common Channel Signaling）公共信道信令，共路信令
CDMA （Code Division Multiple Access）码分复用多址
CDV（Cell Delay Variation）信元时延变化
CELL（Cell）信元
CF（Call Forwarding）呼叫转送
CFB（Call Forwarding Busy）遇忙呼叫转送
CFNR （Call Forwarding No Reply）无应答呼叫转送
CFU（Call Forwarding Unconditional）无条件呼叫转送
CH（Call Handler）呼叫处理器（程序）
CH （Channel）信道，通路
C1C（Circuit Identification Code）电路识别码
CIP（Classical IP over ATM）ATM 上的传统 IP 技术
CIR （Committed Information Rate）承诺信息速率
CK（Check bit）检验比特

CL（Connection Less）无连接方式
CLF （Clear-Forward signal）前向拆线信号
CLIP（Calling Line Identification Presentation）主叫号码显示
CLR（Cell Loss Ratio）信元丢失率
CM（Control Memory）控制存储器
CO（Central Office）中央电话局，中心局
CODEC（Coder-Decoder）编码译码器
COLR（Connected Line Identification Presentation Restriction）被叫号码限制
CP（Common Part）公共部分
CP（Call Processor）呼叫处理器
CP（Central Processor）中央处理器
CP（Control Processor）控制处理器
CP（Control Plane）控制面
CPE（Customer Premises Equipment）用户驻地设备
CPN（Customer Premises Network）用户驻地网
CR（Cell Relay）信元中继
CRC（Cyclical Redundancy Correction）循环冗余校验码
CR-LDP（Constraint Based Routing-LDP）约束路由的 LDP 协议
CS（Circuit Switching）电路交换
CSPDN（Circuit Switching Public Digital Network）电路交换的数据网
CSR（Cell Switch Router）信元交换路由器
CT（Call Transfer）呼叫转移
CTD（Cell Transfer Delay）信元传输时延
CTM（Circuit Transfer Mode）电路传送模式
CW（Call Waiting） 呼叫等待

D

DC（Direct Current）直流
DCC（Data Country Code）数据国家代码
DCE（Data Circuit Terminating Equipment）数据电路端接设备
DCSL（Data Convergence Sublayer）数据汇聚子层
DDI（Direct Dialling-In）直接拨入
DG（Datagram）数据包
DI（Dynamic ISDN）动态 ISDN
DL（Data Link）数据链路
DLCI（Data Link Connection Identifier）数据链路连接标识符
DNIC（Data Network Identification Code）数据网络识别码
DPC（Destination Point Code）目的信令点编码
DSE（Digital Switching Element）数字交换单元
DSL（Digital Subscriber Line）数字用户线

DSLIC（Digital Subscriber Loop Interface Circuit）数字用户环路接口电路
DSN（Digital Switching Network）数字交换网络
DSS1（Digital Subscriber Signaling No.1）1 号数字用户信令
DTE（Data Terminal Equipment）数据终端设备
DTMF（Dual Tone Multi-Frequency）双音多频
DUP（Data User Part）数据用户部分

E

E&M（E and M line signaling system）E 线和 M 线信令系统
EFSM（Extended Finite State Machine）扩展的有限状态机
EOC（Embedded Operation Channel）内嵌操作信道
ETSI（European Telecommunication Standards Institute）欧洲电信标准化组织
EWSD（digital electronic switching system）数字电子交换系统

F

F（Flag）标志
FAS（Frame Alignment Signal）帧定位信号
FCS（Frame Check（Checking）Sequence）帧检查序列
FCS（Fast Circuit Switching）快速电路交换
FDM（Frequency Division Multiplexing）频分多路复用
FEC（Forwording Equivalence Class）转发等价类
FECN（Forward Explicit Congestion Notification）前向拥塞显示
FIB（Forward Indicator Bit）前向指示比特
FIB（Forwarding Information Base）转发信息库
FISU（Fill-In Signaling Unit）插入信令单元
FPS（Fast Packet Switching）快速分组交换
FR（Frame Relay）帧中继
FRN（Frame Relay Network）帧中继网
FS（Frame Switching）帧交换
FSM（Finite State Machine）有限状态机
FSM（Forward Set-up Message）前向建立消息
FSN（Forward Sequence Number）前向序号

G

GFC（General Flow Control）一般流量控制
GFI（Generic Format Identifier）通用格式识别符
GPRS（General Packet Radio Service）通用分组无线业务
GRQ（General Request Message）一般请求消息
GSM（Global System for Mobile communications）全球移动通信系统
GSM（General Forward Set-up Information Message）一般前向建立信息消息

GSMP（General Switch Management Protocol）通用交换机管理协议

H

HDB3（High Density Bipolar of Order 3）三阶高密度双极性码
HDLC（High-level Data Link Control）高级数据链路控制规程
HEC（Header Error Control）信头差错控制
HLF（High Level Function）高层功能
HSTP（High Signaling Transfer Point）高等级的信令转接点

I

IAM（Initial Address Message）初始地址消息
IDN（Integrated Digital Network）综合数字网
IFMP（Ipsilon Flow Management Protocol）Ipsilon 数据流管理协议
IGP（Interior Gateway Protocol）内部网关协议
IN（Intelligent Network）智能网
INAP（Intelligent Network Application Part）智能网应用部分
IOP（I / O Processor）输入、输出处理器
IP（Internet Protocol）互联网协议
IPOA（Classical IP over ATM）ATM 上的传统 IP 技术
ISDN（Integrated Service Digital Network）综合业务数字网
ISP（International Signalling Point）国际信令点
ISPC（International Signalling Point Code）国际信令点编码
ISUP（ISDN User Part） ISDN 用户部分
ITT（International Telephone and Telegraph Corporation） 国际电话电报公司
ITU（International Telecommunication Union） 国际电信联盟
IWU（Interworking unit） 互通单元

L

LAMA（Local Automatic Message Accounting）本地自动计费方式
LAN（Location Area Identification）以太网
LANE（LAN Emulation）局域网仿真
LAP（Link Access Protocol）链路入口协议，链路接入协议
LAPB（Link Access Procedure Balanced）平衡链路接入规程
LAPD（Link Access Protocol-D channel）D 信道链路接入规程
LAPF（Link Access Procedures to Frame Mode Bearer Services）帧方式承载业务数据链路层规程
LCGN（Logic Channel Group Number）逻辑信道群号
LCN（Logic Channel Number）逻辑信道号
LDP（Label Distribution Protocol）标记分发协议
LE（Local Exchange）市话交换机，市话交换局

LER（Label Edge Router）标记边缘路由器
LFIB（Label Forwording Information Base）标记转发信息库
LIB（Length Indicator）长度指示码
LIB（Label Information Base）标记信息库
LIS（Logical IP Subnet）逻辑 IP 子网
LSL（Link Sublayer） 链路子层
LSP（Label Switched Path） 标记交换路径
LSR（Label Switching Router） 标记交换路由器（核心路由器）
LSSU（Link State Signaling Uni） 链路状态信令单元
LSTP（Low Signaling Transfer Point）低等级的信令转接点
LT（Line Terminal（Termination））线路终端，用户终端

M

MAC（Medium Access Control）媒体访问控制
MAP（Mobile Application Part）移动应用部分
maxCTD（Maximum Cell Transfer Delay）最大信元传输时延
MB（Mega Byte）兆字节
MBS（Maximum Burst Size）最大突发尺寸
MCR（Minimum Cell Rate）最小信元速率
MFC（Multi-Frequency Compelled Signal）多频互控信号
MIN（Multistage Interconection Network）多级互联网络
MLP（Multi-Link Procotol）多链路规程
MML（Man-Machine Language）人机语言
MPLS（Multi-Protocol Label Switching）多协议标记交换
MPOA（Multi-Protocol over ATM）ATM 上的多协议
MRCS（Multi-Rate Circuit Switching）多速率电路交换
MS（Message Switching）报文交换
MSN（Multiple Subscriber Number）多用户号码
MSU（Message Signal Unit）消息信令单元
MTBF（Mean Time Between Failures）平均故障间隔时间
MTP（Message Transfer Part）消息传递部分
MTTR（Mean Time To Repair）平均故障修复时间
MUX（Multiplexer）多路复用器

N

NCC（Network Control Center）网络控制中心
NDC（National Destination Code）国内终点号码
NGN（Next Generation Network）下一代网络
NHS（Next Hop address resolution Server）下一跳地址解析服务器
N-ISDN（Narrowband Integrated Service Digital Network）窄带综合业务数字网

NM（Network Management）网络管理
NMC（Network Management Center）网络管理中心
NNI（Network Node Interface）网络节点接口
NPT（Non-Packet Terminal）非分组终端
NRZ（Non Return Zero Code）单极性不归零码
NSL（Network Sublayer）网络子层
NSP（Network Service Part）网络业务部分
NT（Network Terminal（Termination））网络终端
NUI（Network User Identifier）网络用户识别

O

OADM（Optical Add and Drop Multiplexing）光分插复用
OAM（Operations，Administration and Maintenance）操作、管理和维护
OBS（Optical Burst Switching）光突发交换
OC（Oriented Connection）面向连接的方式
OMAP（Operations and Maintenance Application Part）操作维护管理应用部分
OPC（Originating Point Code）目的信令点编码
OSI（Open System Interconnection）开放式系统互连
OSPF（Open Shortest Path First）开放最短路径优先
OTP（Optical Transparent Packet）光透明分组
OXC（Optical Cross Connect）光交叉连接

P

P（Packet）分组
PABX（Private Automatic Branch Exchange）用户专用自动小交换机
PAD（Packet Assemble and Disassemble）分组装拆设备
PAMA（Private Automatic Message Accounting）专用自动计费方式
PBX（Private Branch（Telephone）Exchange）专用小交换机，用户小交换机
PCM（Pulse Code Modulation）脉码调制
PCR（Peak Cell Rate）峰值信元速率
PH（Packet Handler）分组处理器
PHI（Packet Handler Interface）分组处理器接口
POS（Point Of Sale）电子收款机系统
POTS（Plain Ordinary Telephone Switching）普通电话交换
PRI（Primary Rate Interface）一次群速率接口
PROM（Programmable Read-only Memory）可编程序的只读存储器
PS（Packet Switching）分组交换
PSPDN（Packet Switched Public Data Network）公用分组交换网
PSTN（Public Switched Telephone Network）公用电话交换网
PT（Packet Terminal）分组终端

PT（Payload Type）净荷类型
PTI（Packet Type Identifier）分组类型识别符
PTI（Payload Type Identifier）净荷类型标识
PTM（Packet Transfer Mode）分组传送模式
PVC（Permanent Virtual Circuit）永久虚电路

Q

QoS（Quality of Service）服务质量

R

RCU（Remote Collecting Unit）远程集中器
REJ（reject）拒绝，否定，抑制，阻碍
RSU（Remote Subscriber Unit）远端用户单元
RSVP（Resource Reservation Protocol）资源预留协议

S

S（Space Switch）空间接线器
SAAL（Signalling ATM Adaptation Layer）信令适配层
SAM（Subsequent-Address Message）后续地址消息
SANC（Signalling Area Network Code）信令区域网编码
SAO（Subsequent-Address Message with One Signal）带有一个信号的后续地址消息
SAPI（Service Access Point Identifier）服务接入点标识符
SCP（Service Control Point）业务控制点
SCCP（Signalling Connection and Control Part）信令连接控制部分
SCR（Sustainable Cell Rate）可维持信元速率
SDL（Specification and Description Language）说明和描述语言
SE（Switch Element）交换单元
SF（Status Field）状态字段
SI（Service Indicator）业务表示语
SIF（Signalling Information Field）信令信息字段
SIO（Service Information Octed）业务信息八位位组
SLC（Signalling Link Code）信令链路编码
SLIC（Subscriber Lline Interface Circuit）用户线接口电路
SLP（Single Link Procedure）单链路规程
SLS（Signaling Link Selection）信令链路选择
SM（Speech Memory）话音存储器
SN（Subscriber Number）用户号码
SN（Service Node）业务节点
SP（Signalling Point）信令点
SP（Speech Path）话路

SPC（Stored-Programme Control）存储程序控制
SSCF（Service Specific Convergence Sublayer）业务特定协调功能
SSCOP（Service Specific Connection Oriented Protocol）业务特定面向连接协议
SSP（Service-Switching Point）业务交换点
STD（Synchronous Time Division）同步时分
STDM（Synchronous Time-Division Multiplexing）统计时分复用
STE（Signalling Terminal Equipment）信号端接设备
STP（Signalling Transfer Point）信令转接点
SU（Signalling Unit）信令单元
SUB（Sub-address）子地址
SVC（Switch Virtual Circuit）交换虚电路

T

T（Time Switch）时分交换器，时分开关
TA（Terminal Adaptor）终端适配器
TC（Transaction Capability）事务能力
TC（Transmission Convergence）传输汇聚
TCAP（Transaction Capability Application Part）事务处理能力应用部分
TCM（Time Compression Multiplexing）时间压缩复用
TCP（Transmission Control Protocol）传输控制协议
TDM（Time Division Multiplex）时分多路复用
TDP（Tag Distribution Protocol）标签分发协议
TE（Terminal Equipment）终端
TE（Traffic Engineering）流量工程
TER（Tag Edge Routers）标签边缘路由器
TEI（Terminal Endpoint Identifier）终端端点标识符
TEL（Telephone）电话
TIB（Tag Information Base）标签信息库
TLV（Type-Length-Value）类型-长度-值编码体系
TMN（Telecommunication Management Network）电信管理网
TS（Time Slot）时隙
TS（Toll Switch（Switching））长话交换
TSR（Tag Switch Routers）标签交换路由器
T-S-T（Time-Space-Time Switching Network）时分-空分-时分交换网络
TUP（Telephone User Part）电话用户部分

U

UBR（Unspecified Bit Rate）未指定比特率
UNI（User-Network Interface）用户-网络接口
UP（User Part）用户部分

UP（User Plane）用户面
UUS（User-User Signaling）用户-用户信令

V

VC（Virtual Call）虚呼叫
VC（Virtual Channel）虚信道
VC（Virtual Connection）虚连接
VC（Virtual Circuit）虚电路
VCC（Virtual Circuit Connection）虚电路连接
VP（Virtual Path）虚通道，虚路径
VPC（Virtual Path Connection）虚通道连接

W

WCSL （Wavelength Channal Sublayer） 波长汇聚子层
WDM （Wavelength Division Multiplexing）光波分复用技术